数码照片处理案例教程
（Photoshop CC 2017）

王东军　仇霞　主编

電子工業出版社
Publishing House of Electronics Industry
北京·BEIJING

内 容 简 介

本书秉承“面向工作过程”的编写理念，精选40多个影楼后期创作案例，深入浅出地讲解使用Photoshop软件对照片进行美容、美体、调色、添加特效、抠图合成、版式设计等后期处理的完整流程。全书结构清晰，图文并茂，案例典型，不但能提高读者的应用技能，还能提高读者的艺术创作能力，有利于读者触类旁通，使读者既可以快速胜任影楼工作，又可以将工作场景轻松地迁移至平面设计相关的其他应用领域。

本书既可作为职业院校“数字媒体技术应用”和“计算机平面设计”专业的教材，也可以作为从事数码照片处理工作人员的参考资料。

图书在版编目（CIP）数据

数码照片处理案例教程：Photoshop CC 2017 / 王东军，仇霞主编. —北京：电子工业出版社，2019.2
ISBN 978-7-121-37961-1

Ⅰ. ①数… Ⅱ. ①王… ②仇… Ⅲ. ①图象处理软件—职业教育—教材 Ⅳ. ①TP391.413

中国版本图书馆CIP数据核字（2019）第255712号

责任编辑：关雅莉　　文字编辑：徐　萍
印　　刷：北京虎彩文化传播有限公司
装　　订：北京虎彩文化传播有限公司
出版发行：电子工业出版社
　　　　　北京市海淀区万寿路173信箱　　邮编：100036
开　　本：787×1 092　1/16　印张：14.25　字数：364.8千字
版　　次：2019年2月第1版
印　　次：2025年2月第8次印刷
定　　价：49.00元

凡所购买电子工业出版社图书有缺损问题，请向购买书店调换。若书店售缺，请与本社发行部联系，联系及邮购电话：（010）88254888，88258888。

质量投诉请发邮件至zlts@phei.com.cn，盗版侵权举报请发邮件至dbqq@phei.com.cn。

本书咨询联系方式：（010）88254617，luomn@phei.com.cn。

前　言

Photoshop 软件是当前功能强大、使用广泛的图形图像处理软件，并广泛应用于计算机美术设计、影楼后期照片处理、出版印刷等诸多领域。

随着影楼产业的发展与大众需求的增加，人们对制作要求是更加精致化和艺术化。本书秉承“面向工作过程”的编写理念，精选 40 多个影楼后期创作案例，深入浅出地讲解使用 Photoshop 软件对照片进行美容、美体、调色、添加特效、抠图合成、版式设计等后期处理的完整流程。

本书采用职业化的面向影楼工作过程的编写体例，并选用典型、实用、趣味的具体影楼工作任务作为教学案例，根据工作任务完成的需要选取相匹配的知识点，将陈述性知识有机地嵌入到工作过程中。通过学习本书，读者可以掌握如下内容。

第 1 章　数码照片处理基础知识。介绍 Photoshop 基本操作、图层与文字的应用。

第 2 章　简单模板设计。讲解如何借助“选区”“变形”“填充”等工具，制作简单的模板。

第 3 章　人像照片初步美化。讲解使用“画笔”“图章”“修复”工具及外挂滤镜美化皮肤的技巧。

第 4 章　人像照片美化晋级。综合使用“蒙版”“滤镜”精细调整人物的轮廓曲线。

第 5 章　照片色调调整。学习影楼后期调色的高级技巧。

第 6 章　精细抠像。讲解使用“通道”“路径”的高级抠图的技巧。

第 7 章　人像照片美化综合应用。介绍婚纱照片处理流程、编辑 RAW 格式照片的技巧。

第 8 章　影楼数码照片综合处理。精讲照片版式的设计流程、思路和方法。

全书结构清晰，图文并茂，案例典型，不但能提高读者的应用技能，还能提高读者的艺术创作能力，有利于读者触类旁通，使读者既可以快速胜任影楼工作，又可以将工作场景轻松地迁移至平面设计相关的其他领域。

本书由泰安市岱岳区职业中等专业学校的王东军、仇霞担任主编，滨州市技术学院的张丽华、泰安市文化产业中等专业学校的李芸、泰安实验中学的路璐担任副主编，山东省轻工工程学校的张晓婷、滨州市技术学院的李晓雯、烟台工贸学校的张丽、日照市工业学校的张良等老师参编，其中王东军从事过影楼的工作，有丰富的行业经验。

为了提高学习效率和教学效果，方便教师教学，本书配有案例素材、习题答案及部分案例的操作视频。有此需要的读者可登录华信教育资源网免费注册后下载。

由于笔者水平有限，加之时间仓促，本书不足之处在所难免，欢迎广大读者批评指正。如有反馈建议，请发邮件至 wdj800@126.com。

编 者

目 录

数码照片处理基础知识

Photoshop 是由 Adobe 公司开发和发行的图像处理软件，它主要用于处理由像素构成的数字图像，通过使用其众多的编修与绘图工具，可以有效地对图片进行编辑与处理。对于平面设计、影楼后期、影像创意和动漫创作等，Photoshop 都是不可或缺的软件助手。其强大的功能、神奇的效果、大量的用户群、广泛的行业应用，使 Photoshop 不仅在专业领域拥有绝对的“控制权”，也已成为计算机相关专业学习的基本软件之一。

1.1 Photoshop CC 2017 照片处理介绍

Photoshop 是一款图像处理软件，那什么是图像处理呢？究竟处理图像的什么呢？带着这两个问题，在进行 Photoshop 的学习前，先来了解一下什么是图像处理。

所谓图像处理是指在原有图像的基础上对图像本身进行修改、编辑，对图片中的瑕疵进行修复，对图像颜色进行调整，对多张图片进行合成，以达到美化原图、改善照片质量，甚至达到以假乱真的奇幻效果。

数码照片的后期处理主要包括修片、调色及数码合成三大部分。

1. 修片

修片包含的内容非常广泛，简单地说可以分为两类：一类是修复破损的照片或有瑕疵的图像细节，如去青春痘、修复破损和去除画面杂物等，如图 1-1 所示为修复破损照片前后的效果对比；另一类是为了美化照片而对照片局部进行修改，以达到特殊的美化效果，如为人物涂上唇彩、使皮肤更光滑、修改脸型与体型等，如图 1-2 所示为修改脸型与体型前后的效果对比。

2. 调色

调色也分为两种：一种是校对照片，使照片颜色、亮度和对比度恢复正常，通常称作校色，如图 1-3 所示；另一种是对照片的颜色进行调整，使之具有特殊的色调，通常用于美化图片或多图合成中的颜色统一，如图 1-4 所示。

图 1-1

图 1-2

图 1-3

图 1-4

3. 数码合成

数码合成是将多张照片素材进行合成，留下有用部分，去掉无关部分，并使照片的各部分完美地融合在一起，如图 1-5 所示。数码合成是对 Photoshop 的抠图、修图和调色功能的综合运用，对操作者的 Photoshop 应用技术要求较高。

图 1-5

1.2　如何校准显示器

1. 校准显示器的原因

显示器直接显示数码图像处理的效果，由于不同显示器的对比度、亮度和显色性能都有所不同，所以在进行图像处理前，首先要校准显示器。为了在显示器上准确地显示颜色，校准是一个必不可少的过程。校准显示器以后，Photoshop 将会补偿图像所属色彩空间与显示器显示图像的色彩空间之间的差异，可以确保屏幕颜色与打印机、视频显示及不同计算机显示器产生的颜色尽可能地匹配。如果显示器没有经过校准，那么得到的颜色和看上去的颜色可能会有较大差别，事倍功半。

2. 使用 Adobe Gamma 软件校准显示器

使用颜色校准仪器可以对显示器进行校准，但是专业的颜色校准仪器价格很高，对于初学者来说可以使用 Photoshop 免费提供的 Adobe Gamma 软件来校准显示器。Adobe Gamma 软件是一款屏幕校色软件，用来校准屏幕的对比度、亮度、灰度、色彩平衡和白场，尽可能消除显示器显示时的色偏。在使用 Adobe Gamma 软件前，最好让显示器连续工作一个小时且避免显示器屏幕被强光直射，以备精确调整。

对于 Windows 用户来说，在安装了 Adobe Photoshop 之后，安装程序会自动将 Adobe Gamma 软件添加在“控制面板”内。打开“控制面板”，双击 Adobe Gamma 图标打开软件，选择“Step By Step”（逐步向导）选项，按照软件的提示进行操作，最后将调整后的数值保存为文件即可。

3. 使用专用图卡调整显示器

日本摄影杂志“CAPA”介绍了一种由桐生彩希发明的调整显示器的图卡，显示器调整图卡有“chart-B”（B 卡）、“chart-W”（W 卡）和“chack-gamma”（Gamma 卡）3 个文件。利用图卡无须颜色校准仪器也可自行调整显示器的亮度、对比度和色彩。

使用这种方法调整显示器时，最好在夜晚室内全黑条件下进行，以避免照明光线及白墙反光对显示器的影响。另外，一定要用柔软的布或潮湿的纸巾把显示器表面擦拭干净。B 卡用于调整计算机显示器亮度，W 卡用于调整计算机显示器反差（对比度），Gamma 卡中每个彩条中间的纵条纹线上都有许多细小横线，用于调整 6 种颜色的伽玛值。

此外，还有几款免费调整软件也可以用于显示器的调整，如 QuickGamma 和 Monitor Calibration Wizard 等。调整软件虽然都不完美，但基本能满足对显示器色彩要求不高的初学者。

1.3 认识 Photoshop CC 2017 工作界面

了解工作界面是学习 Photoshop 的基础。熟悉工作界面的功能与分布，便于初学者系统地掌握 Photoshop 的知识，使后面的学习更加得心应手。如图 1-6 所示，Photoshop 界面主要由菜单栏、工具箱、工具选项栏、图像窗口、状态栏和控制面板组成。

图 1-6

1. 菜单栏

菜单栏中包含 11 个菜单，自左向右依次是“文件”“编辑”“图像”“图层”“文字”“选择”“滤镜”“3D”“视图”“窗口”和“帮助”。每个菜单依据其名称的不同而具有不同的功能，可以通过单击鼠标或使用菜单命令旁标注的快捷键执行菜单命令。

2. 工具箱

工具箱中包含了许多功能强大的工具，每个工具都用一个图标来标示，理解每个工具的意图和功能是学习 Photoshop 的关键，利用这些工具可以进行创建选区、绘画和绘图等重要操作。单击工具箱中的工具图标或使用工具所对应的快捷键，可以选择工具箱中的工具。在工具箱中，工具图标右下方带有的黑色三角形，表示此工具中包含隐藏工具。将鼠标光标移动到要选择的工具图标上单击，并按住鼠标不放，即可显示隐藏工具；将鼠标光标移动到要选择的工具图标上单击，即可选择该工具。按住“Shift”键的同时反复按该工具的快捷键，可以循环选择该工具的所有隐藏工具。对于所选择的工具，可以使用快捷键“Caps Lock”改变在图像中显示光标的状态，使显示光标在精确显示和工具实际大小之间进行切换。

> **小提示**
>
> 在使用快捷键时，输入法的状态应为英文输入状态，中文输入状态下有可能无法正常使用快捷键。要查看工具的快捷键，只要将鼠标光标移动到工具图标上，就会显示当前所指工具的快捷键。快捷键的使用可以加快操作速度，尤其在图像处理公司和影楼等场合，建议尽量使用快捷键进行操作。

3. 工具选项栏

工具选项栏是对工具箱中各个工具的功能扩展。通过在工具选项栏中设置不同的选项，可以快速地完成多样化的操作。例如，当选择“选区”工具时，工作界面的上方会出现相应的“选区”工具属性栏，如图 1-7 所示，可以应用属性栏中的各个命令进一步对工具进行设置。

图 1-7

4. 图像窗口

图像窗口是 Photoshop 的主要工作区，在其中可以进行图像的编辑操作。

5. 状态栏

状态栏可以提供当前文件的测量比例、文档大小、当前工具、存盘大小等信息。状态栏的左侧显示当前图像缩放显示的百分数，在显示区的文本框中输入数值可以改变图像窗口的显示比例。在状态栏的中间部分显示当前图像的文件信息，单击“〉”按钮，在弹出的菜单中可以选择当前图像的相关信息，如图 1-8 所示。

6. 控制面板

控制面板是 Photoshop 的重要组成部分。Photoshop 为用户提供了多个控制面板组，通过不同的功能面板可以完成图像中的填充颜色、设置图层、添加样式等操作。控制面板可以根据需要进行伸缩，其展开状态如图 1-9 所示。

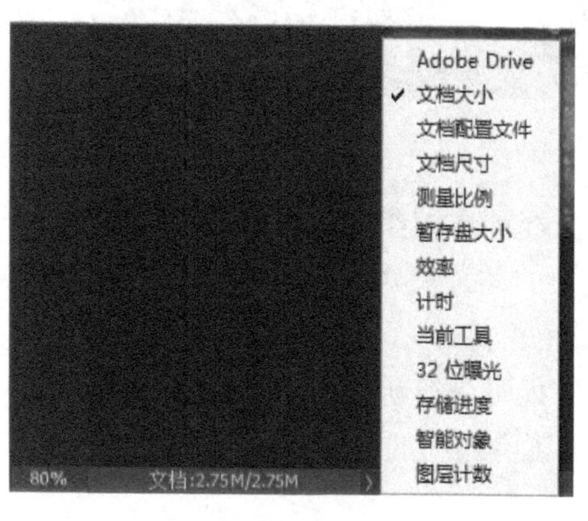

图 1-8

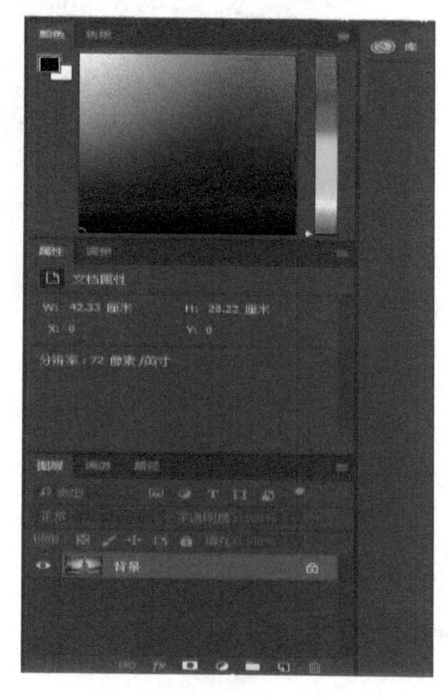

图 1-9

单击控制面板上方的 ▸▸ 图标，可以将控制面板收缩。如果要展开某个控制面板，可以直接单击其选项卡，相应的控制面板就会自动弹出。利用鼠标的拖曳操作可以实现对控制面板的任意组合、拆分、移动等操作，在“窗口”菜单中可以选择需要显示或隐藏的控制面板。使用“Tab”快捷键，可以快速显示或隐藏工具箱和控制面板，使用“Shift+Tab”组合键，将只显示或隐藏控制面板。

1.4 学会 Photoshop CC 2017 基本操作

1. 图片文件的新建、打开和保存

在原有图片的基础上进行修改时，需要使用“打开”命令对图片进行处理，这种操作通常是在对图片的最终尺寸和比例没有太多要求的情况下进行的，而如果对将来的作品有严格的尺寸和比例要求（如制作符合实际相册大小的婚纱模板或制作特定尺寸的广告单页），则需要使用“新建”命令。

（1）“新建”命令

执行菜单栏中的“文件”→“新建”命令或按“Ctrl + N”组合键，弹出“新建”对话框，如图 1-10 所示。

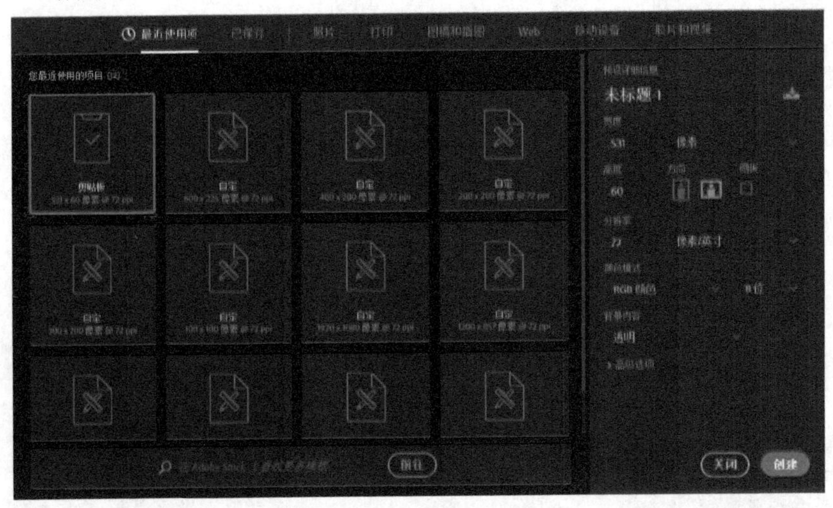

图 1-10

在“新建”对话框中，可以设置需要新建文档的详细参数。在“未标题-1”处可以更换文件名称；在“宽度”“高度”处可以设置需要的图片尺寸；在“像素”处可以更换图片尺寸的要求，如分辨率、厘米、毫米等；在“颜色模式”处可以更换图片需要的颜色模式，如 RGB 颜色、CMYK 颜色等；在“背景内容”处可更换新建图层的底色、背景色，或者设为透明，当选择背景色时，新建文件的颜色与工具箱中的背景颜色框中的颜色相同。

（2）“打开”命令

如果使用 Photoshop 对原有图片进行编辑修改时，可以使用“打开”命令。执行菜单

栏中的“文件”→“打开”命令或按“Ctrl＋O”组合键，在“打开”对话框中可以采用缩略图形式查看文件，选择要打开的文件，单击“打开”按钮或双击文件，即可打开选定的文件。如果要打开多个文件，则可以在“打开”对话框中将所需的多个文件选中。选择文件时，在按住“Ctrl”键的同时单击可以选择多个不连续的文件，按住“Shift”键的同时单击可以选择连续的文件，单击“打开”按钮，选中的文件即可在Photoshop中逐一显示。

（3）“保存”命令与“另存为”命令

处理完图片后，需要对文件进行保存。在处理图片的过程中，为了防止程序意外终止，也需要时常进行保存操作。保存文件时可以使用“保存”命令或“另存为”命令，在对新建的文件进行第一次存储时，将会弹出“另存为”对话框，如图1-11所示。

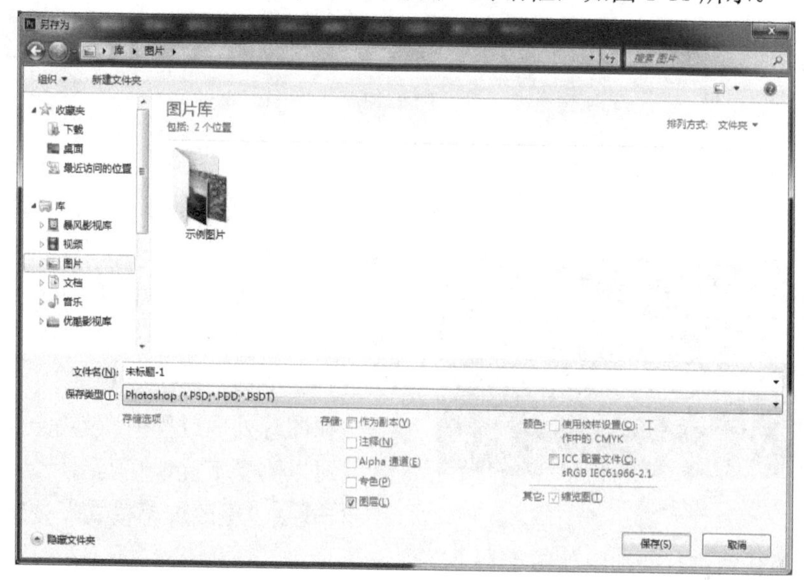

图 1-11

输入文件名并选择文件格式、文件保存位置后，单击“保存”按钮，即可完成存储操作。如果当前的文件是打开的照片而非新建文件，或者已对文件执行过存储操作，则执行“文件”→“保存”命令，就不会弹出“另存为”对话框，会直接覆盖原始文件进行保存，因此，如果不想破坏原始文件，则不能选择此命令。

若既要保存编辑过的文件，又要保存原始文件，可执行菜单栏中的“文件”→“另存为”命令，在弹出的“另存为”对话框中，输入文件名并选择文件格式、文件保存位置后，单击“保存”按钮即可。

文件的保存类型一般以PSD格式为主，这是Photoshop默认的文件格式，它可以保留图层、路径等信息，便于对图片再次修改。

2. 图片的显示

在使用Photoshop进行图像处理时，经常要对局部与整体进行反复处理，以达到对图片的精确编辑和对画面的整体把握。因此，更改图片的显示比例是常用操作。

（1）“按屏幕大小缩放”命令

执行菜单栏中的“视图”→“按屏幕大小缩放”命令，可以使图片以最大比例完整地显示在窗口中，通常用于对图片的整体观察。

执行“视图”→“100%”或“200%”命令，可以按指定的显示比例来显示图片。

（2）使用“缩放工具”放大与缩小

在“工具箱”中单击“缩放工具”中的“放大工具”按钮，如图 1-12 所示，单击图片便可实现放大功能。每单击一次，图片的显示比例会增加一级。如果要缩小图片的显示比例，则需要在按住“Alt”键的同时单击鼠标，或者在“缩放工具”选项栏中单击“缩小工具”按钮，每单击一次，图片的显示比例会缩小一级。

图 1-12

（3）使用菜单命令放大与缩小

执行菜单栏中的“视图”→“放大”命令，可以增加图片的显示比例，或者使用组合键“Ctrl＋+”。执行菜单栏中的“视图”→“缩小”命令，可以缩小图像的显示比例，或者使用组合键“Ctrl＋-”。

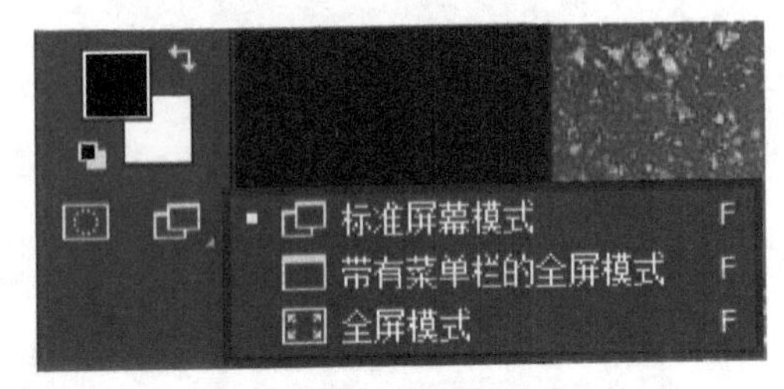

图 1-13

（4）更改屏幕显示模式

在图片处理过程中，使用全屏模式显示图片，可以不受干扰地观察图片。在“工具箱”中单击“更改屏幕模式”按钮，可以在 3 种屏幕显示模式间进行切换，如图 1-13 所示。

这 3 种模式分别为标准屏幕模式、带有菜单栏的全屏模式和全屏模式。使用快捷键“F”可以在这 3 种模式间循环切换。在更改屏幕显示模式的同时，按“Tab”键可以关闭工具箱与浮动面板，这样效果会更好。

（5）移动图片显示区域

使用“缩放工具”可增大图片的显示比例。当图片的显示比例超过屏幕时，只能看到图片的局部，而要观察图片的其他部位时，需要移动图片在窗口的显示区域。在“工具箱”中单击“抓手工具”按钮后即可在拖动图片，改变图片在窗口的显示区域。

小提示

在使用工具箱中的其他工具时，按“Space”键可以临时切换到“抓手工具”。双击“抓手工具”可以实现“按屏幕大小缩放”命令的效果。双击“缩放工具”可以实现“实际像素”命令的效果。

3. 标尺、参考线的设置

在精确作图时，经常会用标尺、参考线和网格线进行对齐或定位等，以精确控制对图片的处理。

（1）标尺

执行菜单栏中的“视图”→“标尺”命令，或者使用“Ctrl + R”组合键，可以显示或隐藏标尺。在标尺上单击鼠标右键可以弹出改变标尺单位的快捷菜单，可以在其中选择合适的标尺单位。标尺的外观如图 1-14 所示。

（2）参考线

打开标尺后，可以设置参考线，参考线比标尺更加精确。将鼠标光标放置在标尺上，按下鼠标左键并拖动鼠标，即可拖曳出参考线，或者执行菜单栏中的“视图”→“新建参考线”命令，弹出“新建参考线”对话框，如图 1-15 所示，在该对话框中可以精确设置参考线的位置。

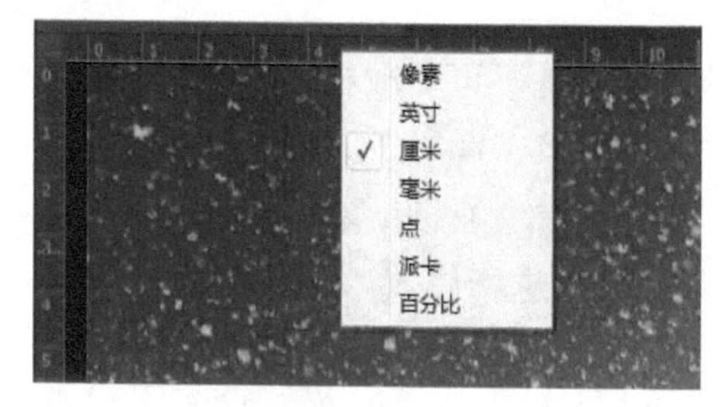

图 1-14

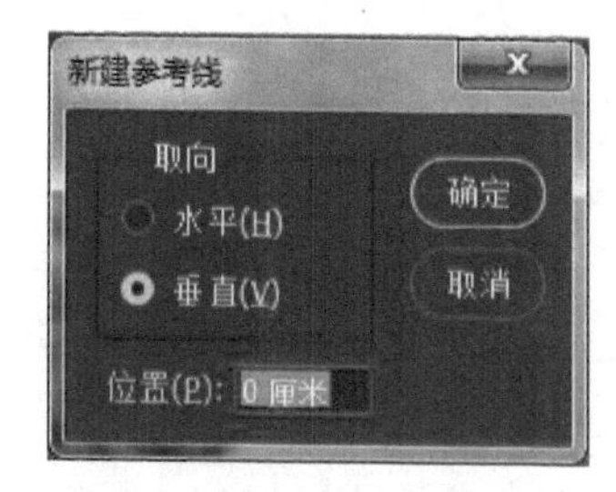

图 1-15

若要移动参考线的位置，需要选择“工具箱”中的 “移动工具”图标，将鼠标光标放在图片窗口的参考线上，按住鼠标左键拖动鼠标即可移动参考线位置。执行菜单栏中的“视图”→“锁定参考线”命令，可以将参考线锁定，锁定后参考线无法移动。执行菜单栏中的“视图”→“清除参考线”命令，可以将参考线清除。

小提示

网格在操作过程中也经常被用到，主要用于平均分配空间，可以执行菜单栏中的“视图”→“显示”→“网格”命令，或者使用“Ctrl + ' ”组合键添加网格。

4. 图像和画布尺寸的调整

文件的尺寸对于 Photoshop 来说非常重要，在 Photoshop 中经常要用“图像大小”与“画布大小”两个命令对文件尺寸进行修改。

（1）“图像大小”命令

在 Photoshop 中，任何一幅图像都有确定的画面大小及清晰度，“图像大小”命令是缩小或扩大当前文件的内容，它作用于整个文件，而不仅仅是当前图层。执行菜单栏中的“图像”→“图像大小”命令，即可打开“图像大小”对话框，如图 1-16 所示。

图 1-16

“图像大小”参数显示的是当前文档的实际大小，是不可更改的。

“尺寸”参数显示的是当前图像的实际尺寸，可以单击按钮修改单位。

在“调整为”选项的下拉列表中可以设置图像尺寸为预设图像大小。

修改“宽度”和“高度”的值可以直接对图像尺寸进行修改。

小提示

当“约束比例”选项被选中时，文档的宽高比例将被锁定，当改变其中一项时，另一项将相应改变。如只想改变高度或宽度，则应先取消对宽高比例的约束，再进行尺寸修改。

“分辨率”是指图像中每英寸长度中包含有多少个像素点，它是根据图像用途进行设置的。通常情况下，作为屏幕显示的图像分辨率为 72 像素/英寸，作为印刷的图像分辨率为 300 像素/英寸。

“重新采样”选项会更改图像的像素总数，也就是“图像大小”对话框中显示的宽度和高度的像素数。在对话框的这一部分中增加像素数时（上采样），应用程序会向图像中添加数据。减少像素数时（下采样），应用程序会删除数据。每当在图像中添加或删除数据时，图像质量都会在一定程度上下降。默认情况下，“重新采样”选项处于启用状态。

（2）“画布大小”命令

用“画布大小”命令改变的是存放文件的文档区域的尺寸，它不改变文档中图像的尺寸与比例，这是与“图像大小”明显不同的一点。执行菜单栏中的“图像”→“画布大小”命令，弹出“画布大小”对话框，如图 1-17 所示。

“当前大小”参数显示的是当前文档的实际尺寸与文档大小，是不可更改的。

“新建大小”参数可以重新设置文档的尺寸。

“定位”选项用来设置文档增加或减少的方向。

在“画布扩展颜色”下拉列表中可以设置文档尺寸增加或减少区域的背景颜色。

5. 撤销操作

在图像的处理过程中，经常会出现误操作的情况，这时就需要撤销所做的操作，撤销所做的操作有以下两种方法。

（1）使用菜单命令或组合键

执行菜单栏中的“编辑”→“还原”命令或使用“Ctrl + Z”组合键可以恢复到上一步操作的结果。若要恢复多步之前的操作结果，可以使用“Ctrl + Alt + Z”组合键，最多可以恢复 20 步操作。

（2）使用“历史记录”面板

使用“历史记录”面板，也可以实现撤销所做的操作，如图 1-18 所示。

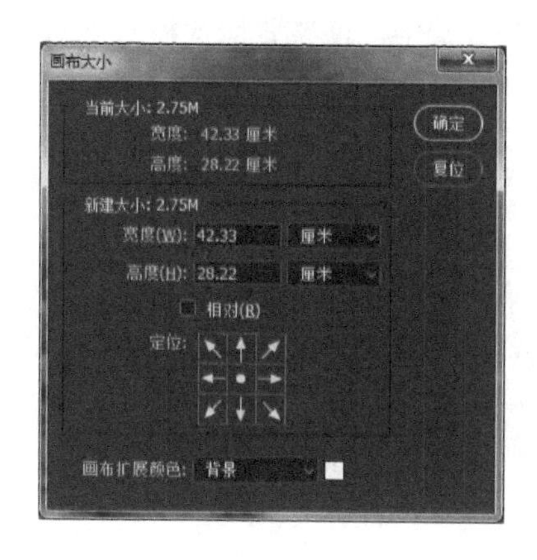

图 1-17

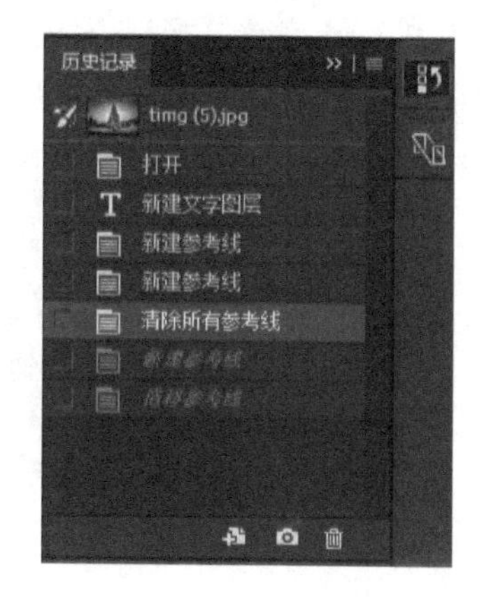

图 1-18

“历史记录”面板可以恢复多步之前的操作结果，同快捷键一样，一般可以恢复 20 步操作。恢复的步数是可以调整的，系统默认状态是恢复 20 步操作，如果计算机的配置高，则可以设置更多的恢复步数。更改恢复步数可以执行菜单栏中的“编辑”→“首选项”→“性能”命令，将“历史记录状态”的数值更改为需要的数值即可。

在“历史记录”面板中，由上至下依次排列着之前的 20 步操作记录，单击需要恢复到的某步操作记录可以执行恢复操作。执行恢复操作后，被撤销的操作步骤在“历史记录”面板中将显示为灰色，当进行新的操作后，则会清除这些被撤销的操作步骤。

1.5 课堂实训　制作照片模板背景

任务描述

随着数码摄像的普及，拥有美观、个性的电子相册也就成了大家所关注的对象。美观大方的照片模板，不仅能够提高相册的整体美观度，还能充分展示自己的个性，许多人都曾经为找不到符合自己个性的照片背景而烦恼。

效果分析

照片模板背景在设计时应注意所选图片的画面构成，依据图片的空间巧妙地安排文字的位置，使画面浑然一体。

本节将设计一张婚纱照片的模板背景，如图 1-19 所示。粉色代表着可爱甜美、温柔和纯真，粉色的爱心底纹，配以不同的图片元素和组合文字，使整张照片模板充满浪漫与温馨。这张照片模板画面中的元素主要采用了水平分布，因此文字的组合也选择了水平方式。

图 1-19

知识储备

1. 像素与分辨率

（1）像素

选择“工具箱”中的“缩放工具”对图像进行放大，图像会呈现方块状的排列，如图 1-20 所示。

Photoshop 中打开的图像就是由小方格状的基本单元组成的，即所谓的像素（pixel），这些小方块中的每一个都有一个明确的位置和被分配的色彩数值，而这些小方块的颜色和位置就决定了该图像所呈现出来的样子。像素存放在 Photoshop 的图层中，由像素组成的图像称为像素图或位图。

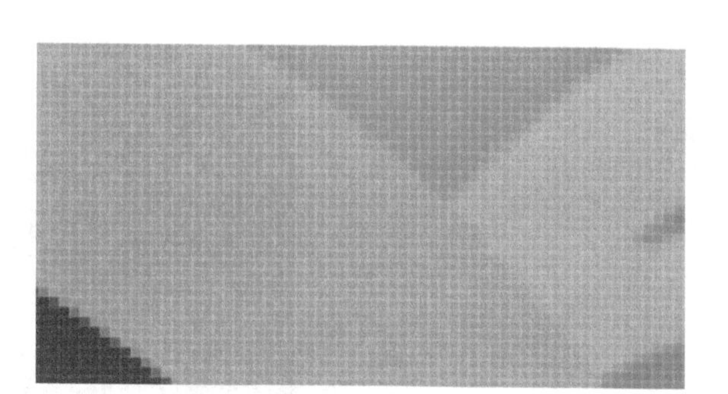

图 1-20

（2）分辨率

人们通常用图像分辨率来衡量一张图片的清晰度。图像中每单位长度上的像素数目，称为图像的分辨率，其单位为像素/英寸或像素/厘米。由于 Photoshop 图像是由像素构成的，所以一张图片在后期输出时，像素的分布程度就决定了这张图片的输出质量。在相同尺寸的两幅图像中，高分辨率图像包含的像素比低分辨率图像包含的像素多，也就是说，分辨率越大，图像越清晰，文件越大，反之分辨率越小，图像越模糊，文件越小。

2.“图层”面板与“图层”菜单

Photoshop 的图层是用来存放像素的，而所有的像素组成了图片，可以说图层是装载图片的容器。在 Photoshop 中，图层可以有多个，这些图层就像是含有文字或图形等元素的胶片，多张按顺序叠放在一起，组合起来就形成了图像的最终效果。图层在一起的效果也可以理解为在多张透明的玻璃纸上作画，透过上一层的玻璃纸可以看见下一层玻璃纸上的内容，但是无论在上一层中如何涂画都不会影响到下面的玻璃纸，上一层会遮挡住下一层的图像，最后将玻璃纸叠加起来，通过移动各层玻璃纸的相对位置或添加更多的玻璃纸即可改变最后的合成效果。图层可以将页面上的元素精确定位，图层中可以加入文本、图片、表格和插件，也可以在里面再嵌套图层。

（1）“图层”菜单

“图层”菜单存放了针对图层的操作命令，这些菜单中的命令会随着所选图层的不同而发生变化，对当前图层不起作用的命令会显示为灰色，如图 1-21 所示。

（2）“图层”面板

“图层”面板包含了图层的绝大部分功能，面板中部区域显示了当前图像中的所有图层、图层组和图层效果，如图 1-22 所示。

眼睛图标用于显示或隐藏当前图层，其右侧图层缩览图用于显示图层内容，图层的缩览图会根据图层类型的不同呈现不同的显示状态。图层的名称在图层缩览图的右侧，双击图层名称可以进入编辑状态改变图层名称。

要对图层进行编辑，首先必须选择对应的图层。单击“图层”面板中的图层就可以选择该图层，选择的图层呈高亮显示状态。

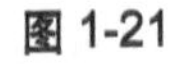

图 1-21

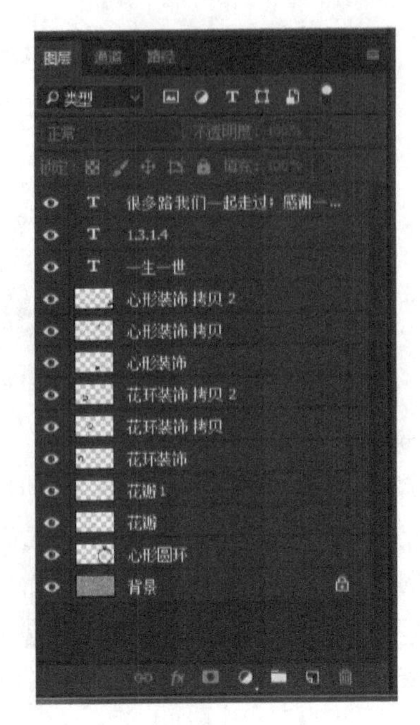

图 1-22

“图层”面板上部是控制图层状态的功能区域，可以进行当前图层与下一层图层的混合方式、透明度及锁定图层等操作。“图层”面板的下部区域是图层的功能按钮区域，可以进行图层的新建、删除、添加样式、添加蒙版、图层间的链接、添加填充与调整图层、新建图层组的操作。

单击面板右上角的按钮可以打开面板菜单，其中包含了图层的操作命令。“图层”面板是“图层”菜单最简洁化的体现，使用“图层”面板可以十分方便地操作图层。

3. 图层的操作

（1）新建图层

有多种方法可以新建图层，建议从中选择最为快捷的方法。

① 使用“图层”面板的弹出式菜单。

单击“图层”控制面板右上方的按钮，在弹出的下拉菜单中选择“新建图层”命令，弹出“新建图层”对话框，如图 1-23 所示。

名称：用于设定新图层的名称，可以选择使用前一图层创建剪贴蒙版。

颜色：用于设定新图层的颜色。

模式：用于设定当前图层的混合模式。

不透明度：用于设定当前图层的不透明度。

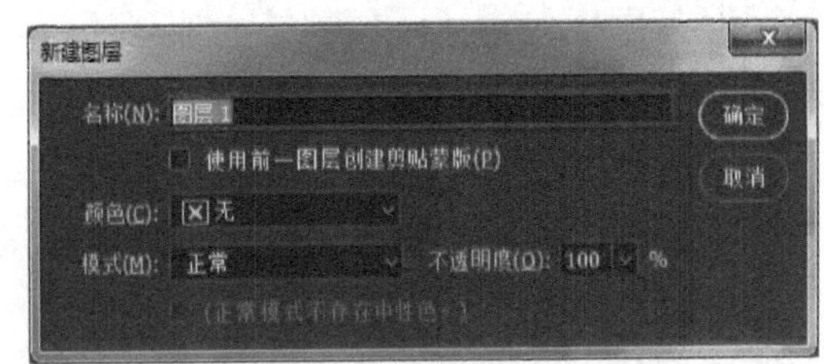

图 1-23

② 使用“图层”面板中的按钮或快捷键。

单击“图层”控制面板下方的“创建新图层”按钮可以直接创建一个新的图层。在按住“Alt”键的同时，单击“创建新图层”按钮，则可以弹出“新建图层”对话框。

③ 使用“图层”菜单命令或快捷键。

执行菜单栏中的“图层”→“新建”→“图层”命令，可弹出“新建图层”对话框，或者使用“Ctrl + Shift + N”组合键也可以弹出“新建图层”对话框。

（2）复制图层

可以通过以下方法复制图层。

① 使用“图层”面板按钮。

在“图层”面板中拖动要复制的图层到“创建新图层”按钮上，就可以将图层复制到一个新的图层。

② 使用“图层”面板的弹出式菜单。

选择要复制的图层，单击“图层”控制面板右上方的按钮，在弹出的下拉菜单中选择“复制图层”命令，弹出“复制图层”对话框，如图 1-24 所示。

③ 使用“图层”菜单命令或组合键。

选择要复制的图层，执行菜单栏中的“图层”→“复制图层”命令，即可弹出“复制图层”对话框，或者使用“Ctrl + J”组合键也可以直接创建一个当前图层的副本。

（3）删除图层

可以使用多种方法删除图层。

① 使用“图层”面板按钮。

选择要删除的图层，单击“图层”面板中的“删除图层”按钮，弹出“删除图层”对话框，如图 1-25 所示。或者在“图层”面板中拖动要删除的图层到“删除图层”按钮上，就可以直接将图层删除。

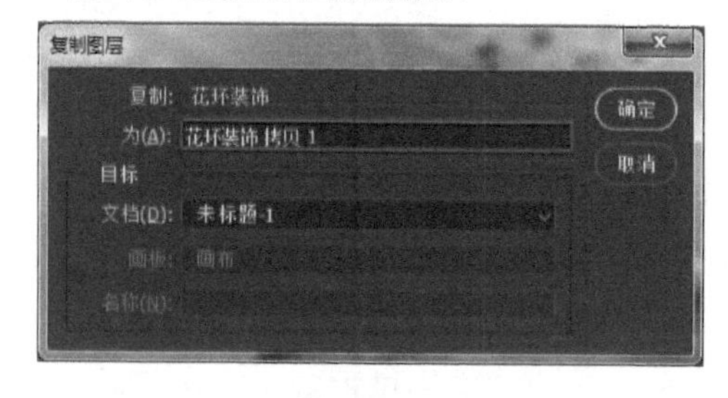

图 1-24

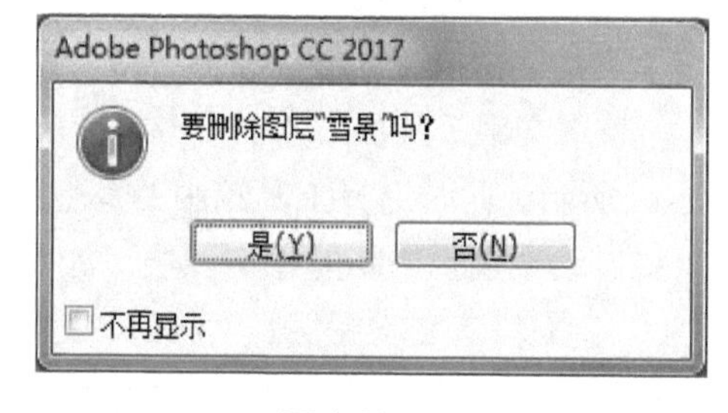

图 1-25

② 使用“图层”面板的弹出式菜单。

选择要删除的图层，单击“图层”控制面板右上方的按钮，在弹出的下拉菜单中选择“删除图层”命令，弹出“删除图层”对话框。

③ 使用“图层”菜单命令或快捷键。

选择要删除的图层，执行菜单栏中的“图层”→“删除”→“图层”命令，即可弹出“删除图层”对话框，或者使用“Delete”键直接删除图层。

4. 文字的创建

（1）文字工具的使用

在 Photoshop CC 2017 中，文字工具有 4 种，分别是横排文字工具、直排文字工具、直排文字蒙版工具和横排文字蒙版工具，如图 1-26 所示。横排文字工具和直排文字工具用于普通文字的输入，直排文字蒙版工具和横排文字蒙版工具则可以创建文字选区。

图 1-26

① 使用文字工具。

选择“横排文字工具”或“直排文字工具”后，工具选项栏如图 1-27 所示，在工具选项栏中，可以设置文字的字体、字号、颜色及文字的变形。

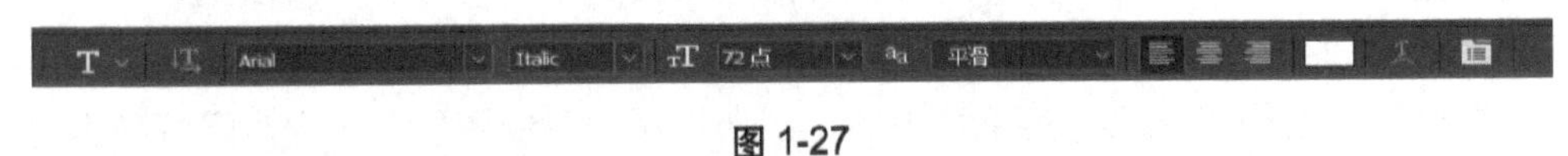

图 1-27

② 使用文字蒙版工具。

选择“直排文字蒙版工具”或“横排文字蒙版工具”后，工具选项栏的操作和文字工具相同，可以直接创建文字选区。

（2）文本的创建

在 Photoshop CC 2017 中，使用文字工具可以创建两种状态的文字：单击文字图层和段落文字图层。

① 建立文字图层。

单击文字图层主要应用于输入文字较少的情况，在输入文字的过程中，文字无法自动换行。使用文字工具在图像中单击，当鼠标光标变成闪动的光标图标时，输入文字，效果如图 1-28 所示。此时选择工具箱中的其他工具，可以结束文字的编辑状态，同时“图层”面板中将自动生成一个新的文字图层，如图 1-29 所示。

② 建立段落文字图层。

段落文字图层主要应用于输入整段文字的情况，在输入文字过程中，文字可以自动换行。使用文字工具在图像中单击并拖动鼠标，在图像中出现一个段落文本框，如图 1-30 所示。此时文字起始输入点在文本框的左上角，输入文字时，遇到文本框边缘，文字将自动换行。如果输入多段文字，可以按“Enter”键分段。

操作步骤

Step 01 打开图像背景，打开 Photoshop，执行菜单栏中的“文件”→“打开”命令，在“打开”对话框中选择本章素材图“背景.jpg”，如图 1-31 所示。打开素材后，在“图层”面板中可以观察到一个名为“背景”的图层。

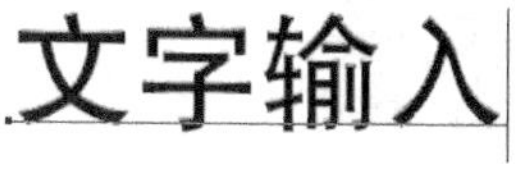

文字输入

图 1-28

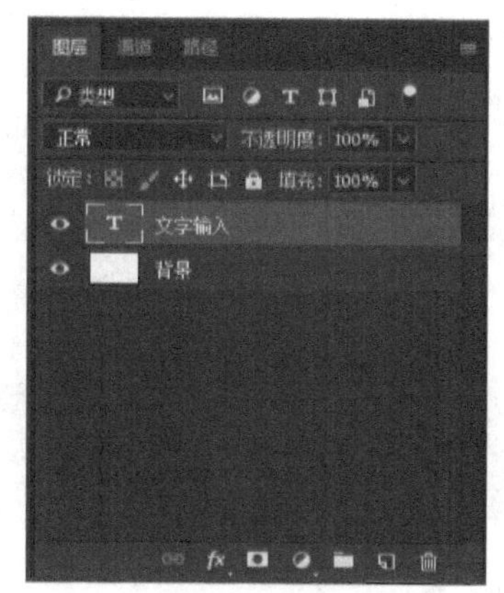

图 1-29

图 1-30

图 1-31

Step 02 执行菜单栏中的“文件”→“打开”命令，打开“心形圆环”文件，在图层面板中选定图层，选中“工具箱”中的“移动工具”，按住鼠标左键将图层拖曳到“背景”文件中，如图 1-32 所示。

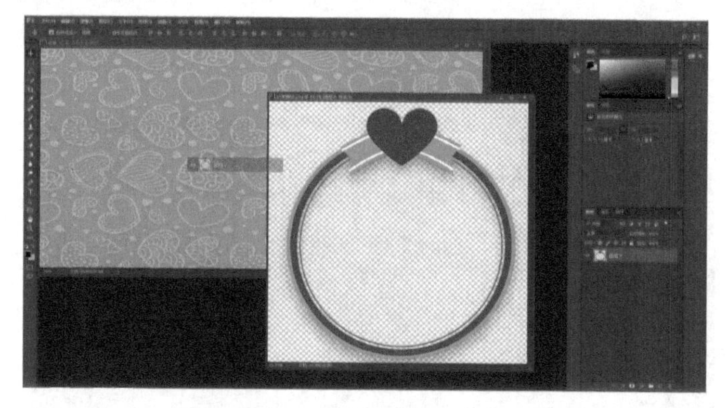

图 1-32

完成操作后即可在“背景”文件中增加新图层，重命名该图层为“心形圆环”，调整素材到相应位置，效果如图 1-33 所示。

图 1-33

Step 03 重复上一步操作，在相应位置增加花瓣装饰，并重命名图层为“花瓣 1”“花瓣 2”，效果如图 1-34 所示。

图 1-34

Step 04 打开“花环装饰”文件，将图层拖曳到“背景”文件中，重命名图层为“花环装饰”。选中图层，单击“图层”控制面板右上方的按钮，选择“复制图层”命令，依次复制生成“花环装饰 复制”“花环装饰 复制 2”两个新图层，调整各图层到相应位置，效果如图 1-35 所示。

图 1-35

Step 05 重复上一步操作，将“心形装饰”素材在“背景”文件中进行添加和复制，并且调整各图层位置，效果如图 1-36 所示。在选定的图层上使用“Ctrl+T”组合键对图层进行缩放或旋转等操作。

图 1-36

Step 06 新建图层，在工具箱中选择“横排文字工具”，在图像左下角单击，输入文字“很多路我们一起走过；感谢一路有你！”。

Step 07 设置文字的颜色与字体。选择输入的文字，在文字工具选项栏中将文字的字体设置为“华文新魏”，文字大小设置为“80 点”，颜色设置为红色，如图 1-37 所示。

图 1-37

Step 08 使用相同方法，在相应位置添加文字“一生一世”和“1.3.1.4”，分别设置文字效果为黄色、88 点、黑体和白色、98 点、Monotype Corsiva，这样就得到了两个文字图层，效果如图 1-38 所示。

图 1-38

Step 09 结合背景画面中的元素特点，对“心形圆环”“花环装饰”及其复制图层添加投影效果，在图层面板中，双击对应图层，打开“图层样式”对话框，勾选“投影”选项即可，如图 1-39 所示。

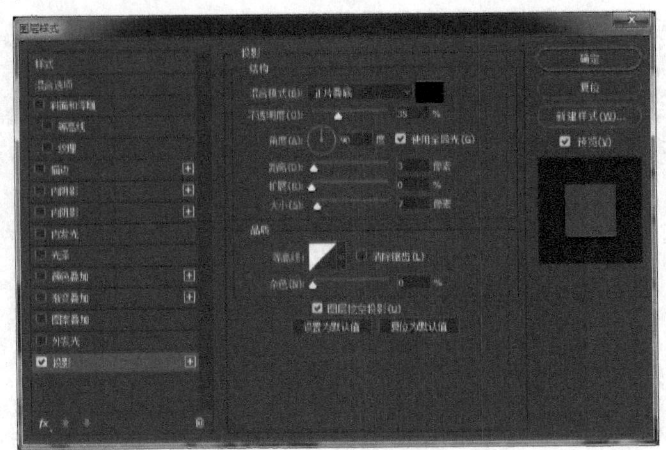

图 1-39

Step 10 经过调整后的最终效果如图 1-40 所示。执行文件菜单中的“另存为”命令，将文件保存为“照片模板背景.jpg”文件即可。

图 1-40

要点梳理

本章主要学习了 Photoshop CC 2017 的基本操作知识与图层的操作。基本操作知识是将来应用 Photoshop 的基础，知识点较多，操作简单，是本章内容的重点。

图层是图像处理的基础，与路径、通道同为 Photoshop 的三大基础功能之一。掌握图层的概念对于进一步学习 Photoshop 具有极大的帮助。理解图层的概念、掌握图层的操作，能够使用文字工具进行文字的编排与设计是本章内容的难点。

课后习题1

1．填空题

（1）选择“图像”菜单下的（　　　）菜单命令，可以设置图像的大小及分辨率的大小。

（2）在 Photoshop 中，一个最终需要印刷的文件，其分辨率应设置在（　　　）像素/英寸，一个最终需要在网络上观看的文件，其分辨率应设置在（　　　）像素/英寸。

（3）使用文字工具可以创建两种状态的文字：（　　　）和（　　　）。

2．选择题

（1）下列属于 Photoshop 图像最基本的组成单元的是（　　　）。

A．节点　　B．色彩空间　　C．像素　　D．路径

（2）在（　　　）上能看到对象的属性。

A. 菜单栏　　B. 状态栏　　C. 工具栏　　D. 属性栏

（3）图层的操作不包括（　　　）。

A. 图层分离　　B. 删除图层　　C. 顺序调整　　D. 图层合并

（4）在 Photoshop 中历史记录面板默认的记录步数是（　　　）。

A. 100　　B. 20　　C. 80　　D.1000

（5）下列不属于文字工具组中输入文字的工具的是（　　　）。

A. 横排文字工具　　B. 直排文字工具

C. 钢笔工具　　D. 直排文字蒙版工具

第2章 简单模板设计

2.1 课堂实训1 “儿童写真模板”设计

任务描述

很多人喜欢用 Photoshop 对照片进行设计，尤其是宝妈们，更喜欢把宝宝的照片进行设计和处理，制作成成长档案，记录宝宝的点点滴滴，留住宝宝天真可爱的时光。

本节将设计一个儿童写真模板——淡粉的底色配以花环、爱心、可爱的玩具小熊及漂亮的文字，体现一个小公主童年的梦幻。制作完成后的最终效果如图 2-1 所示。

图 2-1

效果分析

该模板的设计比较简单易学。首先选择恰当的背景，接着放入人物图像并调整其大小和位置，然后设计选区对人物图像进行装饰，最后使用文字或其他装饰点缀模板完成设计。此设计的关键在于需要掌握 Photoshop 选区的创建方法及选区的相关知识和操作技巧。

知识储备

要对图像的局部进行编辑，首先要通过创建选区的方法将其选中，在 Photoshop 中可以通过矩形选框工具组、套索工具组及快速选择工具组建立选区。

1. 矩形选框工具组

在 Photoshop 中可以通过矩形选框工具组创建规则的选区，主要包括矩形选框工具、椭圆选框工具、单行选框工具和单列选框工具，如图 2-2 所示。

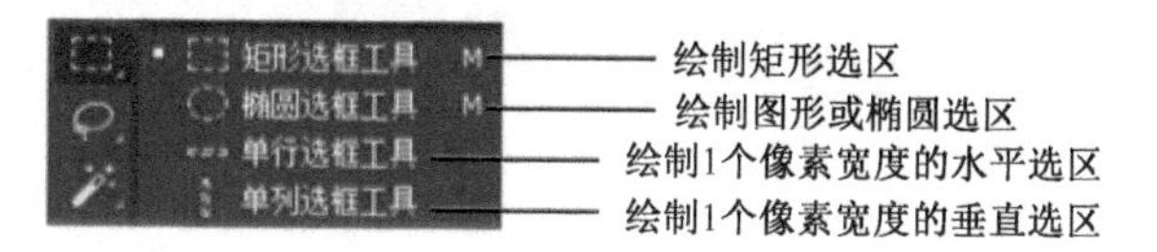

图 2-2

下面以矩形选框工具为例介绍矩形选框工具组中相关工具的使用，矩形选框工具的工具栏如图 2-3 所示。

图 2-3

紧邻工具图标右侧的 4 个按钮分别是“新选区”“添加到选区”“从选区减去”“与选区交叉”，可以对选区进行修改，它们的用法将在 2.2 节进行具体讲解。

（1）羽化

可以通过输入数值确定选区边缘的模糊程度，羽化值越大，边缘越模糊，如图 2-4 所示。

图 2-4

（2）消除锯齿

勾选此选项，可以消除选区的锯齿边缘。

（3）样式

选择“正常”选项，鼠标光标呈十字状，按住鼠标左键拖动将形成以起点为左上角的选区；选择“固定比例”选项，在选框中输入数值，按住鼠标左键并拖动时形成的选区保持指定的长宽比；选择“固定大小”选项，在选框中输入宽度和高度的精确数值，单击鼠标左键可形成指定数值大小的选区。

> **小提示**
>
> 在没有选区的情况下按住“Shift”键并拖动鼠标会形成正方形选区，按住“Alt+Shift”组合键并拖动鼠标可形成以起点为中心的正方形选区。

2. 套索工具组

通过套索工具组可创建一些不规则的图像选区，主要包括套索工具、多边形套索工具和磁性套索工具 3 种，如图 2-5 所示。

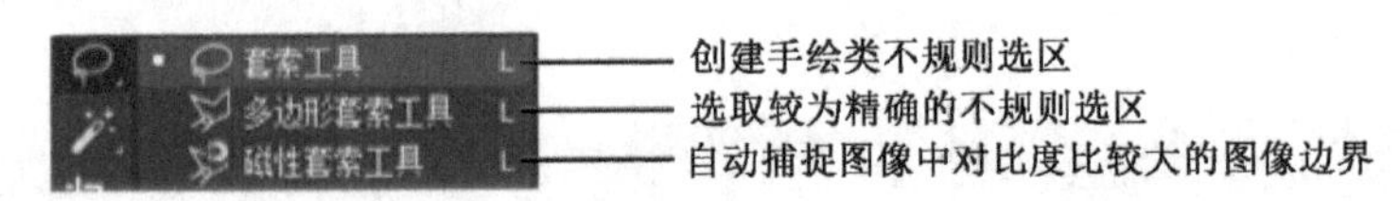

图 2-5

（1）套索工具

用于做任意不规则手绘选区，按住鼠标左键并拖动，随着鼠标的移动可形成任意形状的范围，松开鼠标左键后即可形成选区。如图 2-6 所示，选中套索工具，设置羽化值为 10 像素，绘制出云朵位置。

图 2-6

（2）多边形套索工具

用于选取边界为直线的连续定点图形，单击确定起始点，之后在转折处再次单击，最后单击起始点闭合选区。如图 2-7 所示，选中多边形套索工具，在图像中围绕本子的转折点单击，围绕一圈封闭形成选区。

（3）磁性套索工具

可以自动捕捉图像中对比度比较大的两部分的边界，可以准确、快速地选择复杂图像的区域。如图 2-8 所示，选择磁性套索工具（为避免选区边界太过生硬，可以输入 3 像素羽化值），在玩具的边缘移动鼠标，形成选区。

图 2-7

图 2-8

磁性套索工具对应的属性栏如图 2-9 所示。

羽化：0 像素　消除锯齿　宽度：10 像素　对比度：10%　频率：57　选择并遮住...

图 2-9

①宽度：用于设置套索线能检测到的边缘宽度，其范围为 1~256 像素。对于颜色对比度较小的图像应设置较小的宽度。

②对比度：用于设置选取时图像边缘的对比度，其范围为 1%~100%。数值设置越大，选取范围越精确。

③频率：用于设置选取时产生的节点数，取值范围为 0~100。

小提示

使用磁性套索工具时，如需增加吸附锚点，单击鼠标左键可以强制增加锚点；如需删除多余的节点，可以按“Backspace”键或“Delete”键删除前面多余的磁性锚点，然后继续绘制选区。

3．快速选择工具组

快速选择工具组包括快速选择工具和魔棒工具，主要用于快速建立颜色相似的图像选区，如图 2-10 所示。

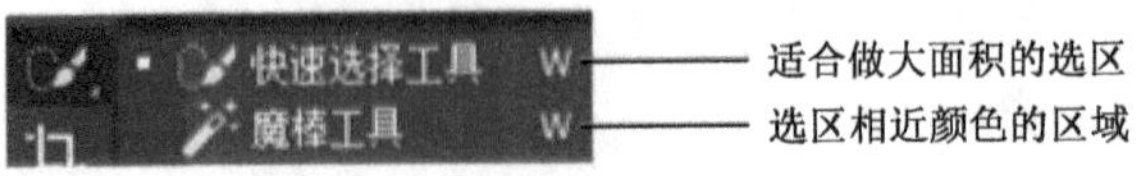

快速选择工具 W —— 适合做大面积的选区
魔棒工具 W —— 选区相近颜色的区域

图 2-10

（1）快速选择工具

通过调节画笔大小来控制选择区域的大小，形象地说就是可以“画”出选区，功能很强大，如图 2-11 所示。

（2）魔棒工具

可以快速选取具有相似颜色的图像。选择魔棒工具，在图像中单击时，会自动获取附近区域相同的颜色，使它们处于选择状态，如图 2-12 所示。

图 2-11

图 2-12

魔棒工具对应的属性栏如图 2-13 所示。

取样大小：取样点　容差：32　消除锯齿　连续　对所有图层取样　选择并遮住...

图 2-13

- 容差：魔棒在自动选取相似的颜色选区时的近似程度，容差越大，被选取的区域就会越大。
- “连续”选项：勾选后表示只选取颜色相同的连续区域，取消勾选则会选取颜色相同的所有区域。
- “对所有图层取样”选项：当勾选该选项时，使用魔棒工具可以选择所有图层上与选取处颜色相似的地方。

4.“色彩范围”命令

“色彩范围”命令和魔棒工具的使用效果相似，都通过在图像窗口中指定颜色来设置选取区域范围。另外，还可以通过增加或减少其他颜色来改变选取区域。

单击“选择”菜单，在下拉菜单中选择“色彩范围”命令，打开“色彩范围”对话框，如图 2-14 所示。

图 2-14

（1）颜色容差

输入一个数值或拖动滑块可调整相近颜色的范围。要减小选中的颜色范围，可将容差值减小；要增加选中的颜色范围，可将容差值变大。

（2）吸管工具

选择吸管工具，在图像或预览区上单击，选取需要的颜色；选择加色吸管工具，在预览区域或图像中单击，可以添加相应颜色的选择范围；选择减色吸管工具，在预览或图像区域中单击，可以移除相应的颜色。

如果要临时启动加色吸管工具，可按住“Shift”键；要临时启动减色吸管工具，可按住“Alt”键。

（3）选区预览

为选区选择一种合适的便于观察的预览方式。

操作步骤

以上介绍了 Photoshop CC 2017 中创建选区的相关知识，下面通过制作“儿童写真模板”实例，对以上所学知识进行巩固练习。

Step 01 制作“儿童写真模板”背景。

① 执行菜单栏上的“文件”→“新建”命令（“Ctrl+N”组合键），新建名为“儿童写真模板”、“宽度”为 41 厘米、“高度”为 20 厘米、“分辨率”为 300 像素/英寸的 8 英寸×8 英寸跨页模板 RGB 模式文件。

② 执行“文件”→“打开”菜单命令（“Ctrl+O”组合键），打开素材“图 1.jpg”，使用“移动工具”将其移动到“儿童写真模板”文件中并得到图层 1，效果图 2-15 所示。

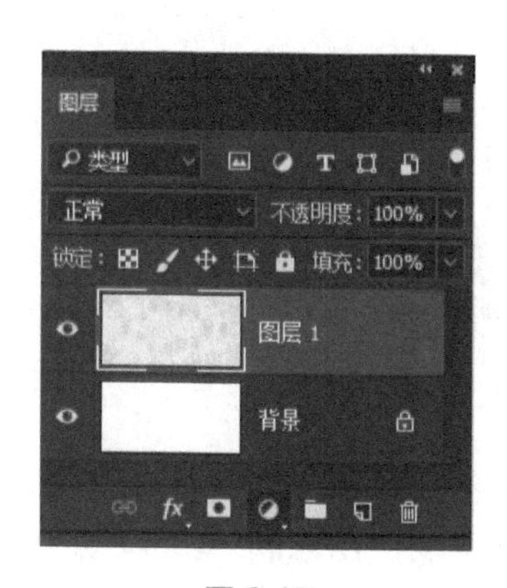

图 2-15

Step 02 调整设计图像。

①打开素材“图 2.jpg”，使用“移动工具”将其移动到“儿童写真模板”文件中，得到图层 2，执行“编辑”→“自由变换”命令（“Ctrl+T”组合键），按住“Shift”键的同时单击鼠标左键并拖曳，使人物按比例缩放，置于图像的左侧，选择矩形选框工具，设置羽化值为 80，制作矩形选区，效果如图 2-16 所示。执行“选择”→“反向”命令（“Ctrl+Shift+I”组合键），按“Delete”键将图 2 素材多余部分删除，执行“选

择”→“取消选择”命令（“Ctrl+D”组合键）取消选区，效果如图 2-17 所示。

图 2-16　　图 2-17

② 打开素材“图 3.jpg”，将其移动到“儿童写真模板”中并调整至如图 2-18 所示的位置。打开素材“图 4.jpg”，将其移动并调整至如图 2-19 所示的位置。选择魔棒工具，设定容差值为 0，取消勾选“连续”选项，在图层 4 的白色区域上单击，得到如图 2-20 所示的选区，按“Delete”键将其删除，按“Ctrl+D”组合键取消选区。再次使用魔棒工具，勾选“连续”选项，在图层 4 中花环中间的空白区域单击，按“Ctrl+Shift+I”组合键反选，单击图层 3 将其设为当前图层，按“Delete”键删除，如图 2-21 所示，按“Ctrl+D”组合键取消选区。

图 2-18　　图 2-19

图 2-20

图 2-21

③ 打开素材“图 5.jpg”，选择磁性套索工具，将右下角的爱心选中，如图 2-22 所示。选择移动工具，将其移动并调整到如图 2-23 所示的位置。打开素材“图 6.jpg”，移动并调整至爱心位置，按住“Ctrl”键的同时单击图层 5，将图层 5 上的爱心载入选区，如图 2-24 所示。按“Ctrl+Shift+I”组合键反选，按“Delete”键删除，按“Ctrl+D”组合键取消选区，

按“Ctrl+T”组合键自由变换，同时按住“Shift”键和“Alt”键保持中心和长宽比不变调整图像，如图 2-25 所示。

图 2-22

图 2-23

图 2-24

图 2-25

Step 03 为模板添加装饰。

①打开素材“图 7.jpg”，选择魔棒工具，单击白色背景区域，如图 2-26 所示。反选，选择移动工具，将其移动调整至如图 2-27 所示的位置。

图 2-26

图 2-27

② 选择文字工具，使用比较卡通可爱的字体，输入文字“如花儿的童年”，单击文本工具选项栏最右侧的“切换字符段落面板”选项，打开字符调板，调整合适的字号和字间距，最终效果如图 2-28 所示。

图 2-28

③ 执行“文件”→“存储”命令（“Ctrl+S”组合键），保存为“儿童写真模板.psd”文件。

知识拓展

1. 自由变换

选择“编辑”→“自由变换”命令（“Ctrl+T”组合键），变换图像上出现8个控制点的矩形框，如图2-29所示，通过调整控制点可以实现图像的旋转、缩放、倾斜、扭曲、透视和变形等操作，除使用自由变换工具选项栏（见图2-30）调整外，也可以配合快捷键进行操作。

图 2-29

图 2-30

①把鼠标光标放在图像的变换中心点上，并按住鼠标左键拖动，可以任意改变变换中心点的位置；也可以通过单击工具选项栏上按钮改变变换中心的位置。

②把鼠标光标放在变形框外，当光标变成弯曲的双向箭头形状时，按住鼠标左键在变形框外移动可以实现图像自由旋转角度操作；也可以直接在工具选项栏中输入旋转的度数。

③按住“Ctrl”键，拖动4个角的控制点可以对图像执行“自由扭曲”操作；按住

"Ctrl+Shift"组合键，拖动 4 个中间的控制点，可以对图像执行"倾斜"操作。

④按住"Shift"键，拖动 4 个角的控制点可以在保持长宽比的情况缩放图像；也可以在选项工具栏中按下保持长宽比按钮。

⑤按住"Alt"键，拖动 8 个控制点可以对图像保持中心不变缩放。

⑥按住"Shift+Alt"组合键，拖动 4 个角的控制点，可以在保持长宽比和中心点不变的同时缩放图像。

⑦按住"Ctrl+Alt+Shift"组合键，拖动 4 个角的控制点可以对图像进行透视操作。

2. 文本工具

在工具箱上单击"文本工具"按钮，弹出"文本工具"选项栏，如图 2-31 所示。在图像区域内单击可以输入文字，如果文字内容偏多，为了便于排版编辑，可以按住鼠标左键并拖动，能够拖出一个矩形区域，形成段落文本，如图 2-32 所示。

图 2-31

在文本工具选项栏上可以设定文字相应的字体、字号、文字效果、排列方式、颜色及变形等，单击文本工具选项栏最后的"切换字符和段落面板"按钮，可以打开"字符/面落"调板，如图 2-33 所示，在其中可进行字间距、行距、加粗、倾斜及缩进等设置。

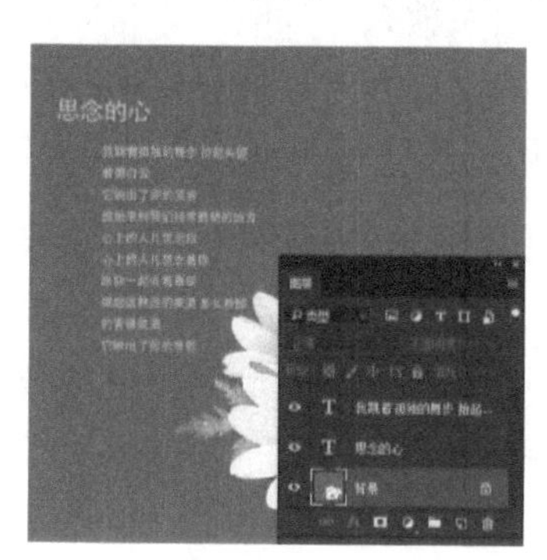

图 2-32

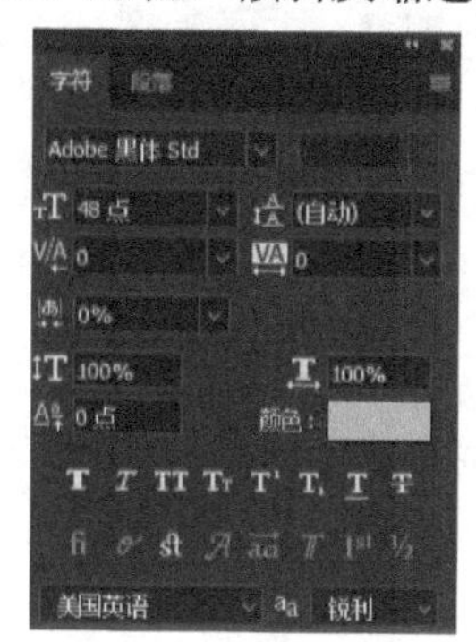

图 2-33

2.2　课堂实训 2　"人物写真模板"设计

任务描述

旅行时光、孩子成长、生活记录、青春纪念、摄影写真等，生活中值得我们记忆和留恋的东西有很多，将美好的照片进行设计和加工，形成具有艺术和时尚气息的写真，是很多人的梦想。本节将利用修改变换选区的方法制作一个"人物写真模板"，效果如图 2-34

所示，让照片能表达一个主题、表述一种情怀，更加适合珍藏。

图 2-34

效果分析

该模板的设计并不复杂。首先选择制作背景，接着放入人物照片，将照片调整至合适大小，然后通过本章所学的选区相关知识和操作技巧对人物照片进行修饰，最后用文字等内容进行点缀。该模板的制作需要掌握 Photoshop 中选区修改的相关内容和操作技巧。

知识储备

比较复杂的选区是很难一次性创建完成的，这就需要对选区进行修改，利用选区的加、减及交叉运算可以实现理想的选区效果。

1. 工具按钮

在 2.1 节中介绍了 3 种建立选区的工具组，其工具选项栏在工具图标右侧，且每个工具组均有相同的 4 个按钮，在没有选区的情况下，选择 4 个按钮所创立的选区是一样的。

（1）新选区

在有选区的情况下，单击“新选区”按钮绘制选区时会取消原选区，形成新的选区。

（2）添加到选区

在有选区的情况下，单击“添加到选区”按钮或按住“Shift”键绘制选区时，鼠标指针下方将会出现一个“+”符号，所绘制的选区将和原选区相叠加形成新的选区，如图 2-35 所示。

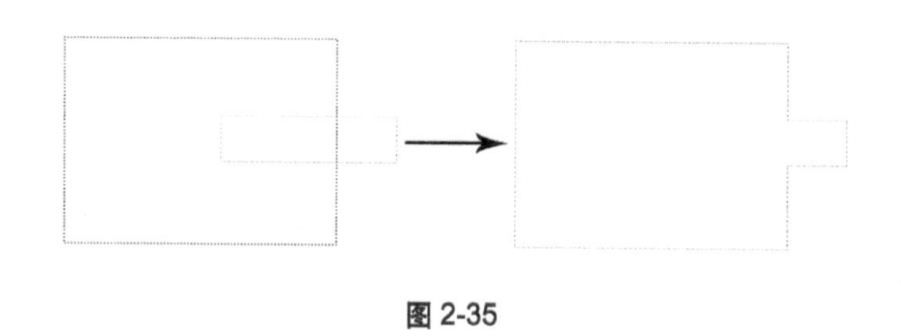

图 2-35

（3）从选区减去

在有选区的情况下，单击“从选区减去”按钮或按住“Alt”键绘制选区时，鼠标指针下方将会出现一个“-”符号，所绘制的选区将会从原选区中减去所绘制的选区形成新选区，如图 2-36 所示。

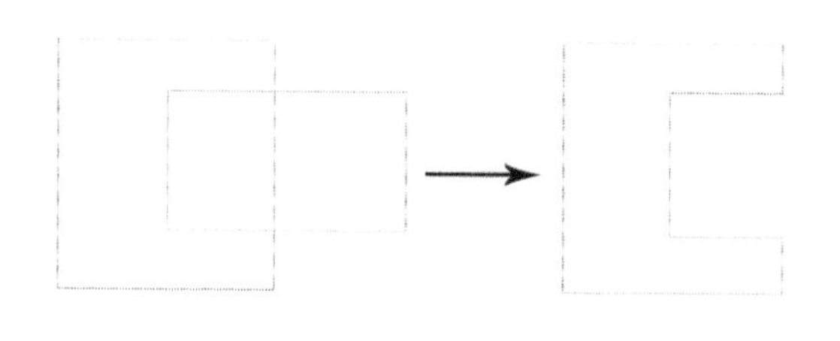

图 2-36

（4）与选区交叉

在有选区的情况下，单击“与选区交叉”按钮或同时按住“Alt”键和“Shift”键绘制选区时，鼠标指针下方将会出现一个“×”符号，所绘制的选区与原选区重叠的部分将形成新选区，如图 2-37 所示。

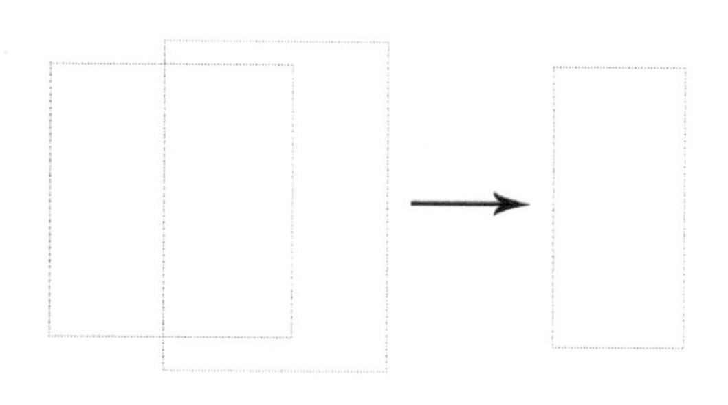

图 2-37

2. 修改命令

在“选择”菜单下，有一个“修改”命令，其中包含“边界”“平滑”“扩展”“收缩”和“羽化”5 个命令，“羽化”命令已在 2.1 节中已进行介绍，下面介绍其他 4 个命令。

（1）边界：沿着选区的界线，设定一定的像素，形成一个环带轮廓。对图 2-11 中的选区执行“选择”→“修改”→“边界”命令，设定宽度为 10 像素，执行“图层”→“新建”→“通过复制的图层”命令，得到图层 1，隐藏背景图层，效果如图 2-38 所示。

（2）平滑：平滑和羽化都可以使选区的尖角平滑，并消除锯齿，但平滑操作不会使选区边缘变淡。如图 2-39 左图所示是平滑后的填色效果，如图 2-39 右图所示是羽化后的填色效果。

（3）扩展：使选区向四周扩展的同时平滑选区。如图 2-40 所示为矩形选区平滑 20 像素后填充颜色的效果。

图 2-38　　图 2-39　　图 2-40

（4）收缩：使选区向内缩小。在抠图时为了准确地把握边线、去除杂色，可以用“收缩”选区的方法确定抠图边线，设置的一般原则是 1 像素。

操作步骤

以上主要介绍了选区的加、减、交叉及“选择”→“修改”命令的相关知识。下面通过制作“人物写真模板”实例，对所学知识进行巩固练习。

Step 01 制作“人物写真模板”背景。

①新建名为“人物写真模板”、“宽度”为 41 厘米、“高度”为 25.5 厘米、“分辨率”为 300 像素/英寸的 10 英寸跨页模板 RGB 模式文件。

②将前景色设置为淡绿色（R126、G189、B110），背景色设置为白色（R255、G255、B255），在工具箱中选择“渐变工具”，按住鼠标左键并从左向右拖动，得到如图 2-41 所示的效果。将素材“图 8.jpg”拖到“人物写真模板”中，调整图层的不透明度为 10%，效果如图 2-42 所示。

图 2-41　　图 2-42

Step 02 调整设计图像。

①打开素材“图 9.jpg”，将其拖到“人物写真模板”文件中，并调整至图片的右侧。建立如图 2-43 所示的矩形选区，选择“椭圆选择工具”，在选项工具栏中单击“添加到选区”按钮，添加椭圆选区，如图 2-44 所示。

图 2-43

图 2-44

②执行“选择”→“修改”→“羽化”命令，设置羽化半径为 100，羽化后反选，删除取消选择，效果如图 2-45 所示。

③打开素材“图 10.jpg”，将其拖到“人物写真模板”文件中，调整至图像的左侧，如图 2-46 所示。将图层 3 载入选区，执行“选择”→“修改”→“边界”命令，设置宽度为 20，新建图层 4，按“Ctrl+Delete”组合键填充背景色，效果如图 2-47 所示。

图 2-45

图 2-46

④打开素材“图 11.jpg”，重复上面的操作，效果如图 2-48 所示。

图 2-47

图 2-48

Step 03 为模板添加装饰。

①选择文字工具，使用合适的字体，输入文字“青春洋溢”和“时光正好”，调整字号和字间距，最终效果如图 2-49 所示。

图 2-49

②执行“文件”→“存储”命令（“Ctrl+S”组合键），保存为“人物写真模板.psd”文件。

知识拓展

1. 填充颜色

在使用 Photoshop 的过程中，不可避免地会用到颜色的设置，Photoshop 软件中提供了多种颜色选取和设置的方式。

在默认的情况下，前景色是黑色，背景色是白色，单击图标右上角的双箭头或按键盘上的“X”键，可以切换前景色和背景色；单击左上角的小黑白图标或按键盘上的“D”键，不管当前显示的是何种颜色，都可以恢复为前黑后白的默认颜色。

（1）拾色器

单击工具箱中的前景色或背景色图标，都可以调出“拾色器”对话框，如图 2-50 所示。在对话框左侧可以调节取色的范围并选取颜色，在对话框右下方可以设置不同颜色模式下的颜色数值。

（2）色板/颜色

执行“窗口”→“色板”或“颜色”命令都可以打开“色板”/“颜色”面板进行颜色设置，如图 2-51 所示。

（3）填充颜色

按下“Alt+Delete”组合键可以填充前景色，填充背景色的组合键是“Ctrl+Delete”。执行“编辑”→“填充”命令（“Shift+F5”组合键），弹出如图 2-52 所示的对话框。其中“内容”下拉列表可以选择填充的内容，选项包括前景色、背景色、颜色、内容识别、图案、历史记录、黑色、50%灰色和白色；“模式”下拉列表可以设置填充的混合模式；“不透明度”文本框可以设置填充的不透明度值。

图 2-50

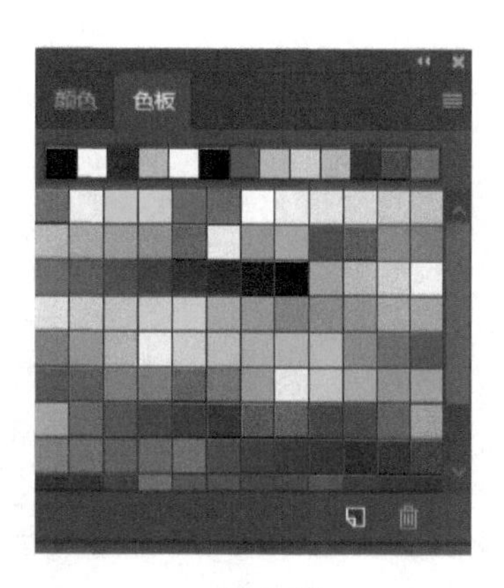

图 2-51

（4）描边颜色

执行“编辑”→“描边”命令可以给设定的选区边缘设定一定宽度的颜色。如“边界”→“填充”命令，也可以通过“描边”命令实现。

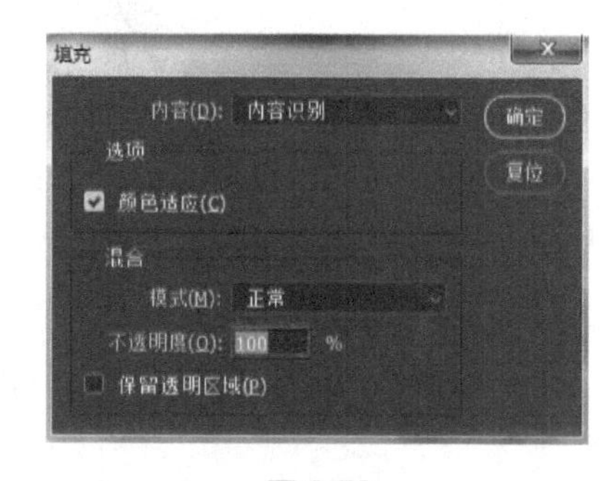

图 2-52

2. 渐变工具

在工具箱中单击“渐变工具”，在图像文件内填充颜色时，可以使填充颜色产生从一种颜色到另一种颜色的变化，由浅到深、由深到浅的变化，也可以创建多种颜色间的逐渐混合。

此工具的使用方法是按住鼠标左键并拖动，产生一条直线，直线的长度和方向决定了渐变填充的区域和方向，拖动时按住“Shift”键，可以保证鼠标拖动时产生的直线是水平、垂直或呈 45° 斜线的。选择“渐变工具”后，出现如图 2-53 所示的工具选项栏。

图 2-53

（1）渐变编辑器

单击工具栏中的颜色条，可以打开“渐变编辑器”窗口进行颜色的编辑，如图 2-54 所示。

（2）渐变类型

可以通过单击工具栏上的小图标来设置渐变的类型：线性渐变、径向渐变、角度渐变、对称渐变和菱形渐变，从而产生不同的渐变效果。

3. 变换选区

在制作选区时，不可能一次制作完成所需要的选区，当需要调节选区大小时，可以使用“选择”→“变换选区”命令，执行此命令后选区上会显示带 8 个节点的调节框，拖动鼠标可以进行放大、缩小及旋转操作，按“Enter”键可以确认修改操作，按“Esc”键可以取消修改操作。

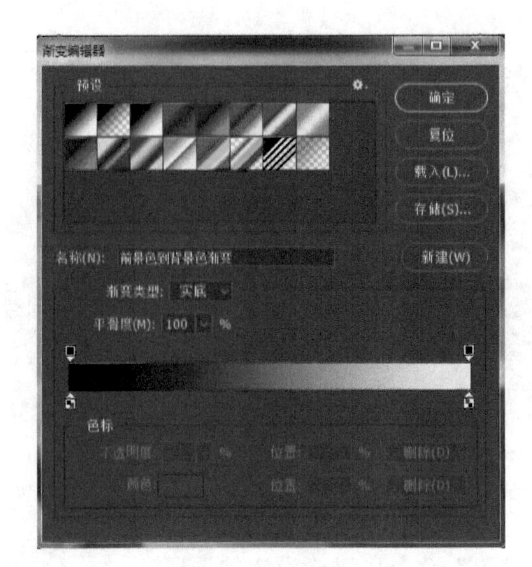

图 2-54

变换选区和自由变换的区别：变换选区是对选区，也就是对浮动的选区先进行操作，图像不变；而自由变换是对图像进行变换的。

2.3 课堂实训 3 “亲子写真模板”设计

任务描述

本节将利用创建修改选区及图层样式制作一个“亲子写真模板”，使照片具有一定的质感，更加立体，更好地呈现光影效果，最终效果如图 2-55 所示。

图 2-55

效果分析

“亲子写真模板”在设计上比较简洁，除运用图层及选区的相关知识进行排版外，还给图像增加了立体投影、发光等特效，因此需要先学习 Photoshop 中关于图层样式的一些知识和操作。

在 Photoshop 中可以使用图层样式制作出不同的图像特效，如立体投影、发光、纹理等。图层样式具有编辑速度快、制作效果精致、可编辑性强等优势，它可以应用于普通图层、形状图层和文本图层。

执行“图层”→“图层样式”→“混合选项”命令或双击图层缩览图，都可以打开“图层样式”对话框，如图 2-56 所示。

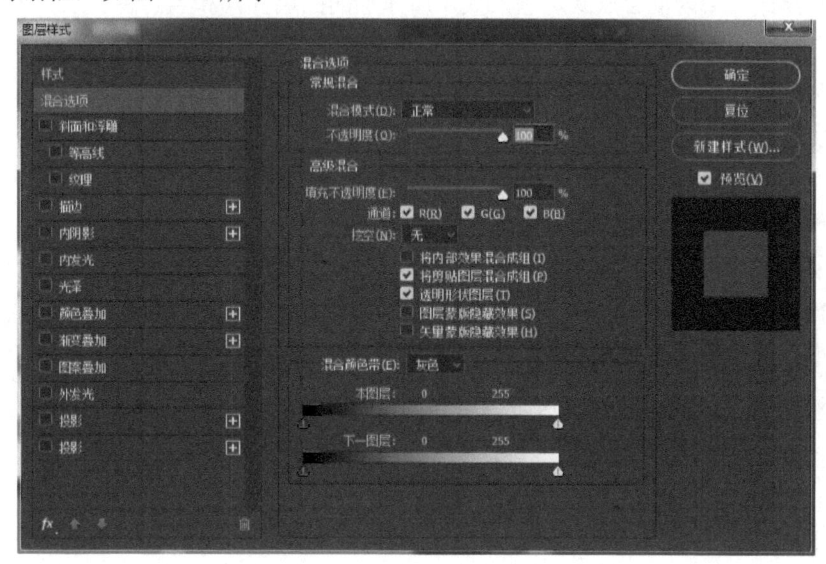

图 2-56

1. 图层样式

Photoshop CC 2017 提供了 10 种不同的图层样式，这些图层样式可以单独使用，也可以同时应用于某一图层，通过不同选项及参数的搭配，可以创作出多种多样的图像效果。

①斜面和浮雕：为当前图层中的对象添加高光和阴影区域，使图层呈现出立体的浮雕效果。

②描边：用单色、渐变色或图案为当前图层上的对象勾勒出轮廓，使文本图层的效果更为突出。

③内阴影：为当前图层上的对象的内边缘添加阴影，使图层产生一种凹陷效果，对文本图层效果更佳。

④内发光：对当前图层上的对象边缘内添加发光效果。

⑤光泽：对当前图层对象内部应用颜色效果，与对象互相作用，产生光滑的磨光及金属效果。

⑥颜色叠加：在当前图层对象上叠加一种颜色，单击后面的“+”符号可以添加多种不同颜色的叠加。

⑦渐变叠加：为当前图层的对象叠加一种渐变颜色，单击后面的“+”符号可以添加多种不同渐变色的叠加。

⑧图案叠加：在当前图层对象上叠加图案，即用一致的重复图案填充对象。

⑨外发光：从当前图层对象上的边缘向外添加发光效果。

⑩投影：为当前图层上的对象添加外阴影效果。

2. 常用参数介绍

①混合模式：不同混合模式选项，代表所添加的图层样式和当前图层混合的一种方法。

②色彩样本：用于修改阴影、发光和斜面等颜色。

③不透明度：所添加效果的透明程度。

④角度：控制光源的方向。

⑤使用全局光：可以修改对象的阴影、发光及斜面的角度。

⑥距离：确定对象和效果之间的距离。

⑦扩展/内缩：“扩展”主要用于“投影”和“外发光”样式，从对象的边缘向外扩展效果；“内缩”常用于“内阴影”和“内发光”样式，从对象的边缘向内收缩效果。

⑧大小：确定效果影响的程度，以及从对象的边缘收缩的程度。

⑨消除锯齿：勾选后，将柔化图层对象的边缘。

⑩深度：此选项说明应用浮雕或斜面时边缘深浅度。

操作步骤

上面主要介绍了图层样式，下面结合图层及选区的相关知识，通过制作“亲子写真模板”实例，对以上所学内容加以巩固。

Step 01 制作“亲子写真模板”背景。

①新建名为“亲子写真模板”宽度为30.5厘米、高度为20.3厘米、分辨率为300像素/英寸的6英寸×8英寸竖版跨页模板RGB模式文件。

②将背景色设置为淡蓝色（R31、G172、B181），按“Ctrl+Delete”组合键填充前景色。制作如图2-57所示的选区，新建图层1，填充前景色到背景色的径向渐变，如图2-58所示。

③按“Ctrl+Shift+I”组合键执行反选命令，新建图层2，填充黑色，将图层不透明度调整为10%，按“Ctrl+D”组合键取消选择，如图2-59所示。

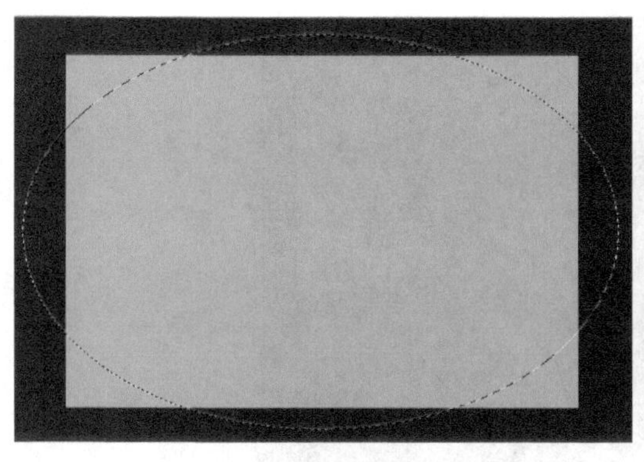

图 2-57

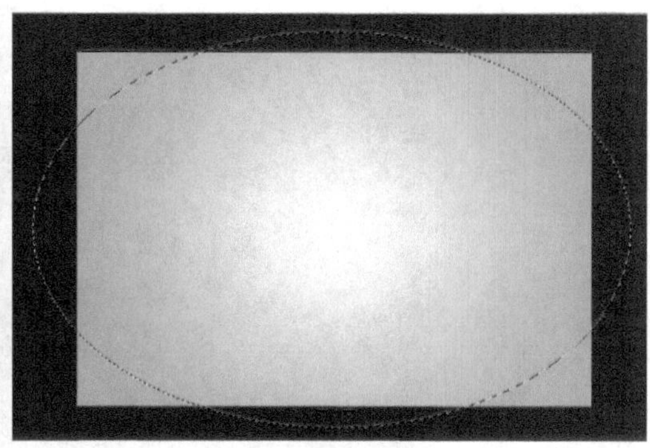

图 2-58

图 2-59

④打开素材“图 12.jpg”并将其拖到“亲子写真模板”文件中，按“Ctrl+T”组合键自由变换调整其大小，并建立圆形选区，如图 2-60 所示，按“Ctrl+Shift+I”组合键执行反选命令，按“Delete”键删除多余的图像，如图 2-61 所示。

图 2-60

图 2-61

⑤双击图层 3 的图层缩览图，打开“图层样式”对话框，分别单击选择“描边”“投影”“内阴影”选项，设参数值如图 2-62～图 2-64 所示，其图像效果如图 2-65 所示。

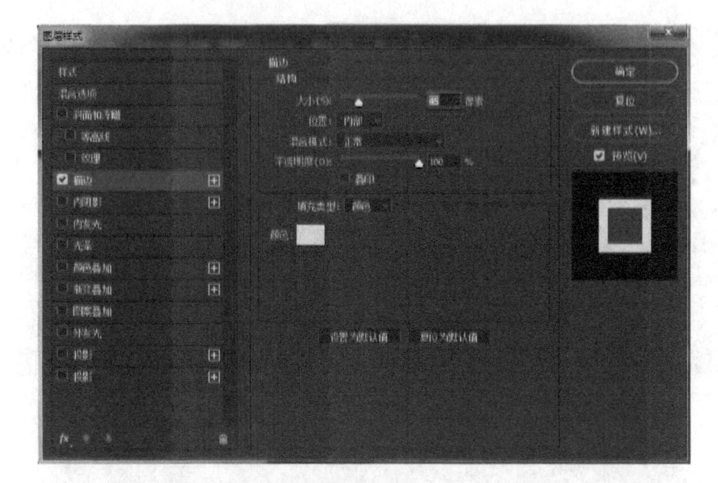

图 2-62

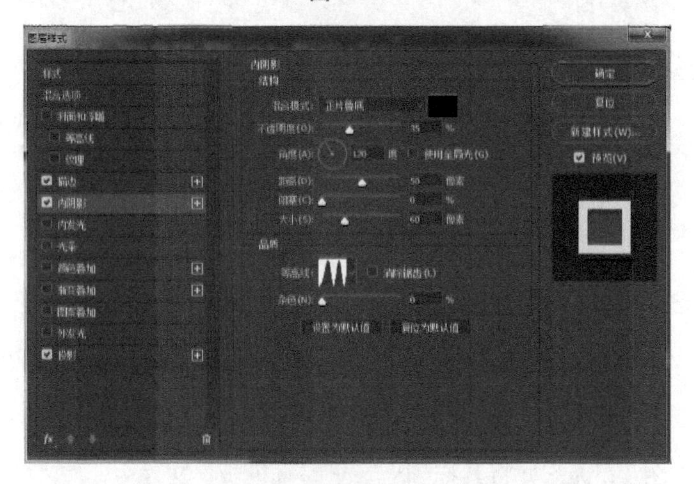

图 2-63

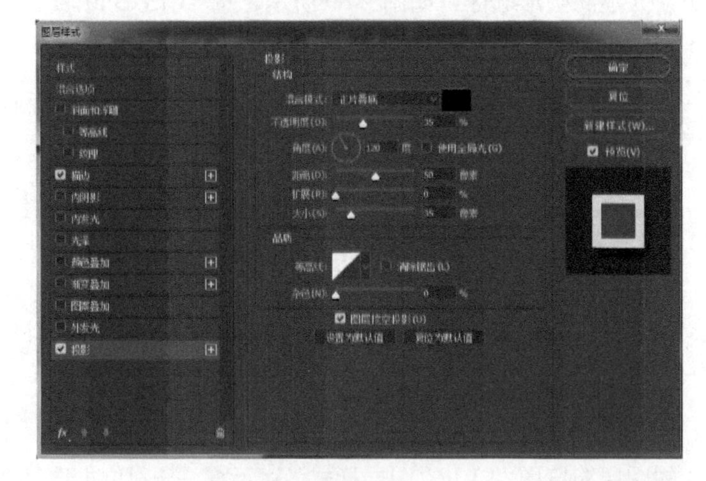

图 2-64

⑥分别打开素材“图 13.jpg”、素材“图 14.jpg”，执行第④步操作，效果如图 2-66 所示。

图 2-65

图 2-66

⑦右击图层 3，在弹出的快捷菜单中选择“拷贝图层样式”，分别右击图层 4 和图层 5，选择“粘贴图层样式”，效果如图 2-67 所示。

⑧用文字和小饰物对模板进行装饰，如图 2-68 所示，最后将模板文件进行保存。

图 2-67

图 2-68

要点梳理

本章通过“儿童写真模板”“人物写真模板”和“亲子写真模板”实训，主要介绍了 Photoshop CC 中选区的相关知识，包括选框工具组、套索工具组及魔棒工具组的使用，介绍了选区的加、减和交叉的操作，以及“选择”菜单下的“修改”命令。

2.4　拓展实训

1. 选区是 Photoshop 中重要的内容，使用频率非常高，为人们对图像进行局部修改提供便利。请利用所学知识，绘制如图 2-69 所示的实例。

图 2-69

操作要点

使用“套索工具”沿人物轮廓制作不规则选区，羽化后删除多余的图像部分，使用“自由变换工具”调整图像大小，在使用素材选区时，结合“选择”→“修改”命令中的“收缩”“平滑”等命令调整素材，不要留有杂边。使用“文字工具”装饰时，文字少的用点文字，文字多的用段落文字。

2．请利用所学知识，绘制如图 2-70 所示的实例。

图 2-70

操作要点

使用“自由变换工具”调整图像大小，利用椭圆选区选择人物部分，羽化后删除多余的图像部分，利用“添加到选区”功能设计一个合适的选区形状，放入素材图片，利用“边界”和“填充”命令勾边。

3．请利用所学知识，绘制如图 2-71 所示的实例。

图 2-71

操作要点

使用选区羽化操作使左侧图像与背景融合，利用自由变换及选区相关操作制作心形图像，并利用图层样式对心形图像和文字进行美化装饰。

课后习题 2

1．填空题

（1）在 Photoshop 中，取消当前选区的组合键是________________，对当前选区进行反选操作的组合键是________________。

（2）在 Photoshop 中，交换当前的前景色与背景色的组合键是________________。

（3）在 Photoshop 中，使用渐变工具可创建丰富多彩的渐变颜色，如线性渐变、径向渐变、__________、______________与_____________。

2．选择题

（1）下列可以选择连续的相似颜色区域的工具是（　　）。

A．魔棒工具　　　　B．椭圆选框工具

C．矩形选框工具　　D．磁性套索工具

（2）在 Photoshop 中，选区的修改操作不包括（　　　）。

A．扩边　　B．平滑　　C．羽化　　D．收缩

（3）变换选区命令可以对选择范围进行（　　　）编辑。

A．缩放　　B．变形　　C．不规则变形　　D．旋转

（4）段落文字可以进行（　　　）操作。

A．缩放　　B．旋转　　C．裁切　　D．倾斜

（5）变换选区命令可以对选择范围进行（　　　）编辑。

A．缩放　　B．变形　　C．不规则变形　　D．旋转

第3章

人像照片初步美化

人像照片初步美化包含的内容非常广泛，简单地说，可以分为两类：一类是修复，如修复破损的照片、有瑕疵的照片、去除脸部斑痕、去除画面杂物等；另一类是美化，如给人物调整肤色、光滑皮肤、修改脸型与体型等。通过修饰图像，达到初步美化人像照片的效果。

3.1 课堂实训 1 脸部斑痕修复

任务描述

在人像照片美化的过程中，一张精致的面容显得尤为重要，而人物面部一些斑痕、青春痘等的存在会严重影响面部整体效果的呈现。在照片后期修饰过程中，脸部斑痕修复是较为常见的操作。本任务将针对照片中人像脸部的斑痕提供快速、完善的解决方案。

效果分析

本实训的目的是让大家了解修图工具的用法，熟练掌握污点修复画笔工具、修补工具、修复画笔工具的操作技巧，能够灵活选用适当的修图工具对照片中人像脸部的斑痕进行修饰。案例效果如图 3-1 所示。

图 3-1

知识储备

对于人像脸部的小面积斑痕，如青春痘、雀斑等，常用的修复工具主要有污点修复画笔工具和修补工具；对于面积较大的斑痕、伤疤等，常用修复画笔工具来进行修复。

1. 污点修复画笔工具

污点修复画笔工具可以快速修复画面中较小的污点、划痕和其他不理想的部分。其操作方法非常简单：在工具栏中选择污点修复画笔工具，调节画笔大小，使画笔略大于所要修复的脸部污点，如图 3-2 所示。单击鼠标左键，可完成快速修复，修复效果如图 3-3 所示。

图 3-2

图 3-3

> **小提示**
>
> 在调节画笔大小时，除使用工具选项栏的画笔下拉菜单进行调节外，还可以使用“[”、“]”键进行快速调节。

污点修复画笔工具的工作原理是“取样、复制”，是通过智能化计算使其可以自行判断图像中的内容并对其进行复制操作，如图 3-4 所示为污点修复画笔工具的选项栏。

图 3-4

（1）画笔预设

可以修改画笔的大小、硬度、间距、角度、圆度的数值，如图 3-5 所示。

（2）模式

用来设置修复图像时使用的混合模式，包括正常、替换、正片叠底、滤色、变暗、变亮、颜色、明度 8 种模式，如图 3-6 所示。

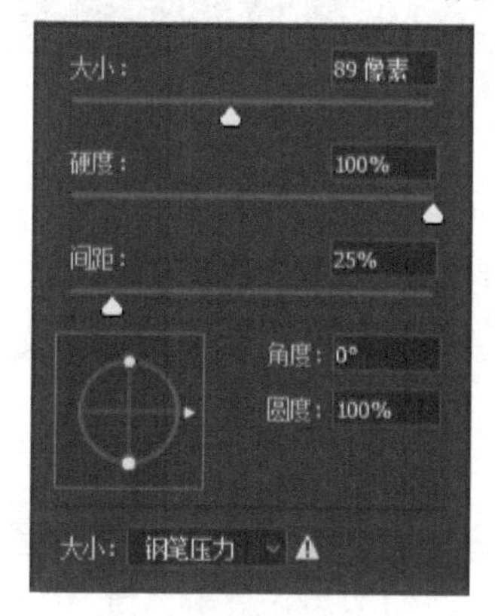

图 3-5

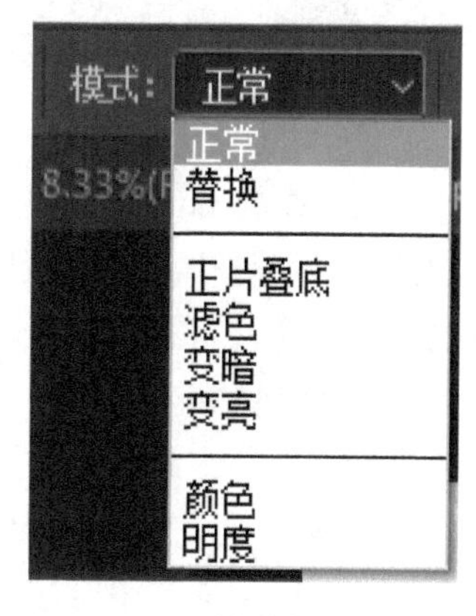

图 3-6

（3）类型

用来设置修复方法，包括内容识别、创建纹理、近似匹配三种类型。选择“内容识别”选项时，软件会智能比较附近的图像内容，不留痕迹地填充选区；选择“创建纹理”选项时，软件会使用选区中的所有像素创建一个用于修复该区域的纹理，如果纹理不起作用，可尝试再次拖过该区域；选择“近似匹配”选项时，软件会使用选区边缘周围的像素来查找要用作选定区域修补的图像区域。

（4）对所有图层取样

当文档中包含多个图层时，勾选该选项，可以从所有可见图层中对数据进行取样；取消勾选，则只从当前图层中取样。

2. 修补工具

修补工具同样可以用来修饰图像中的细小瑕疵，但与污点修复画笔工具的智能化设计不同，修补工具是基于选区的，因此，它可以很好地解决复杂区域的修补问题，如图 3-7 所示。

（1）修补工具选项栏

修补工具可以利用样本或图案来修复所选图像区域中不理想的部分，如图 3-8 所示为修补工具的选项栏。

图 3-7

修补：正常 源 目标 透明 使用图案 扩散：1

图 3-8

①选区创建方式：单击新选区按钮，可以创建一个新选区，若图像中已有选区，则原选区会被新创建的选区所替代；单击添加到选区按钮，可在当前选区的基础上添加新的选区；单击从选区减去按钮，可在原选区内减去当前绘制的选区；单击与选区交叉按钮，可得到原选区与当前绘制选区相交的部分。

②修补：用来设置修补方式。

在“正常”修补方式下，首先绘制选区，然后将选区拖曳至需要修补的区域后释放鼠标，当选择“源”选项时，原选中区域会被当前新区域的图像所修补，如图 3-9 所示；当选择“目标”选项时，原选中区域的图像会被复制到当前新区域，如图 3-10 所示。

图 3-9

在“内容识别”修补方式下，“结构”数值范围为 1~7，用于指定修补在反映现有图像图案时应达到的近似程度，当“结构”值为 1 时，修补内容大致遵循现在图像的图案，当“结构”值为 7 时，修补内容将严格遵循现有图像的图案；“颜色”数值范围为 0~10，用于指定 Photoshop 在多大程度上对修补内容应用颜色混合，当“颜色”值为 0 时，禁用颜色混合，当“颜色”值为 10 时，应用最大颜色混合。

一般情况下，选择“正常”修补方式。

图 3-10

③透明：勾选后，可以使修补的图像与原图像产生透明的叠加效果。

④使用图案：使用“修补工具”创建选区以后，在图案下拉面板中选择一个图案，单击 使用图案 按钮，可以使用图案修补选区内的图像，如图 3-11 所示。

图 3-11

⑤扩散：其数值范围为 1~7，用于指定从周边求平均值的像素点数。

（2）修补工具的操作方法

在工具栏中选择修补工具，选择一种选区创建方式，在“正常”修补方式下，根据图像需要修补的内容选择“源”或“目标”选项，按住鼠标左键并拖动，框选出需要修补的图像像素，移动选区至目标区域，完成修补。

小提示

使用修补工具创建选区时，可通过“Ctrl+Alt+D”组合键羽化选区来设定羽化值，使其得到更完美的效果。

1. 修复画笔工具

修复画笔工具用来修补面积较大的斑痕，如图 3-12 所示。此外对于眼袋、黑眼圈、眼中血丝、鱼尾纹等也可以使用该工具进行修饰。

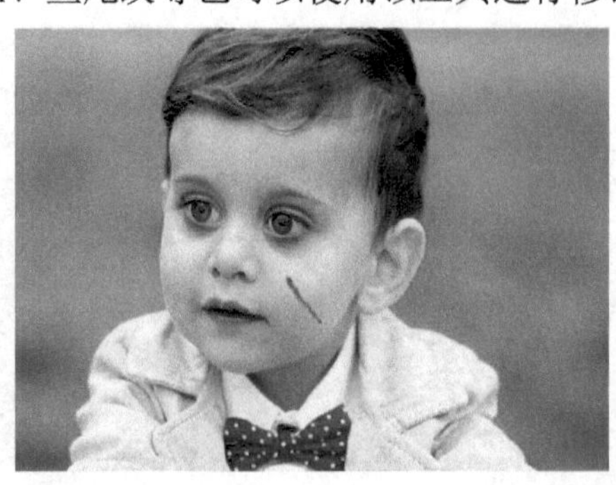

图 3-12

（1）修复画笔工具选项栏

修复画笔工具可以修复图像的瑕疵，也可以用图像中的像素作为样本进行绘制。该工具可以将样本像素的纹理、光照、透明度和阴影与所修复的像素进行匹配，从而使修复后的像素不留痕迹地融入图像的其他部分。如图 3-13 所示为修补画笔工具的选项栏。

图 3-13

①画笔、模式：同污点修复画笔工具，如图 3-5、图 3-6 所示。

②源：设置用于修复像素的源。选择“取样”选项时，按住“Alt”键时进行取样，可以使用当前图像的像素来修复图像，选择“图案”选项时，可以使用某个图案作为取样点。

③对齐：勾选后，可以连续对像素进行取样；取消勾选，则每一次单击鼠标，都被视为重新使用初始取样点中的样本像素。

④样本：用来选择从指定的图层中进行取样，包括“当前图层”“当前和下方图层”“所有图层”3 种。

（2）修复画笔工具的操作方法

在工具栏中选择修复画笔工具，调整画笔至合适大小，选择所用的模式，鼠标光标移至需要取样的位置，按住“Alt”键并进行取样，取样结束后放开“Alt”键，鼠标光标移至需要修复的位置运行涂抹，以达到修复目的。

小提示

取样点一定要在颜色、亮度与待修复处相近的区域中选取。在修饰脸部阴影部分的细节时一定要缩小画笔，沿着阴影的边缘进行修补，注意不要把阴影处理变形或完全处理掉。

操作步骤

以上介绍了 Photoshop 中“污点修复画笔工具”“修补工具”“修复画笔工具”的相关知识，下面通过“脸部斑痕修复”的实例——轻松下“斑”，对所学知识进行巩固练习。

Step 01 在 Photoshop CC 2017 中打开素材“图 1.jpg”，如图 3-14 所示，对照片进行分析。该照片人物脸颊处有较大的“斑痕”，可以使用“修补工具”或“污点修复画笔工具”进行修饰，人物眼睛、额头处也有大面积的“斑痕”，可以使用“污点修复画笔工具”来处理；而对于大面积的细小“斑痕”，可以使用“修复画笔工具”来修饰。

Step 02 在工具栏中选择“修补工具”，选择新选区创建方式，在“正常”修补方式下，选择“源”选项，按住鼠标左键并拖动，框选出较大面积的“斑痕”，按住鼠标左键并拖动，将所圈“斑痕”拖动至色彩邻近色的位置，松开鼠标左键，完成修复操作。重复上述操作，依次完成全部“斑痕”修复，如图 3-15 所示。

图 3-14

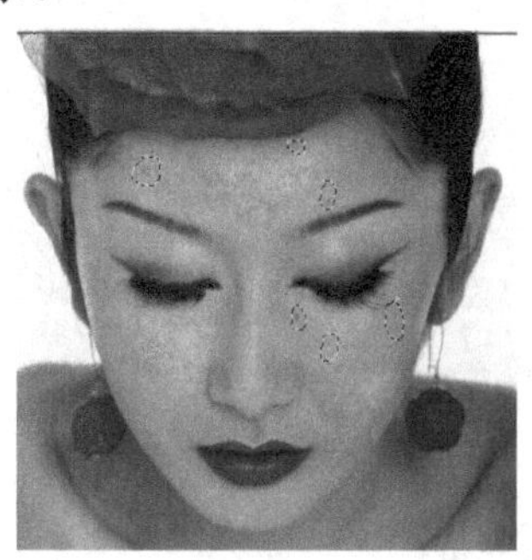

图 3-15

小提示

在使用 Photoshop CC 2017 处理细小部分时，可以通过“Ctrl+ +”组合键放大图片，同时按“Ctrl+ -”组合键可以缩小图片，通过放大与缩小的交替变化，观察照片整体与局部的处理情况。此外，可以通过按“F”键改变屏幕模式来满足修图需要，按空格键可临时转换成抓手工具来转换局部。

Step 03 在工具栏中选择“修复画笔工具”，设置画笔硬度为 0%，画笔大小为 80，“源”选项为“取样”，按下“Alt”键在光滑皮肤处取样，取样结束后放开“Alt”键，鼠标光标移至“斑痕”处涂抹，反复取样，反复涂抹，来修复如图 3-16 所示大面积“斑痕”。

小提示

画笔越大，所处理的面越平整、过渡越自然，处理眼部斑痕时，画笔要小一些，操作要细致。

Step 04 执行“文件”→“存储”命令（“Ctrl+S”组合键），保存为“轻松下‘斑’.PSD”文件，最终处理效果如图 3-17 所示。

图 3-16

图 3-17

小提示

在具体操作过程中，要按照人体脸部结构来处理，同时按照从整体到局部再到整体的顺序，随时进行对比，以防止出现处理不均匀、色彩过渡不自然的情况发生。

知识拓展

1. 画笔工具

画笔工具在 Photoshop CC 2017 的使用过程中非常重要，其最主要的功能是给图像上色或结合其他工具使用。如图 3-18 所示为画笔工具的选项栏。

图 3-18

①画笔预设：用来设置笔刷的属性。“大小”选项控制画笔的宽、高像素，“硬度”选项控制笔刷边缘的圆度，“笔刷的形状”选项控制各种不同的画笔形状，如图 3-19 所示。

②画笔面板：用来设置笔刷的所有高级属性，如图 3-20 所示（可以执行“窗口”→“画笔预设”命令打开画笔面板，也可以使用快捷键“F5”）。该面板可以设置画笔的形状、散布、纹理、传递等其他高级选项，每种画笔形状的属性设置各有不同。

③模式：用来控制当前画笔如何影响当前图层。模式选项有多种类型，如图 3-21 所示，这些模式的工作原理类似于图层面板上的混合模式选项。

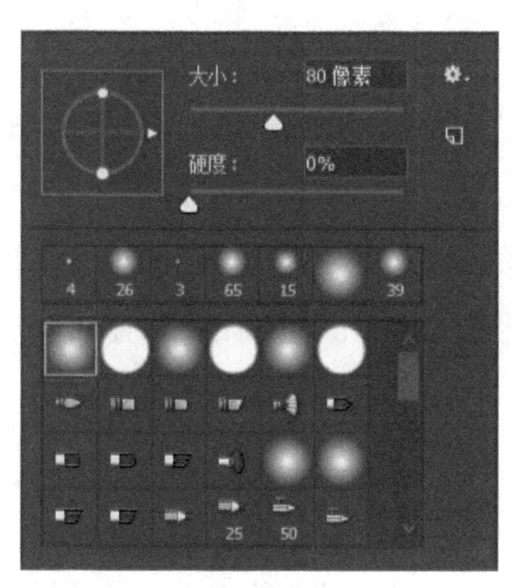

图 3-19

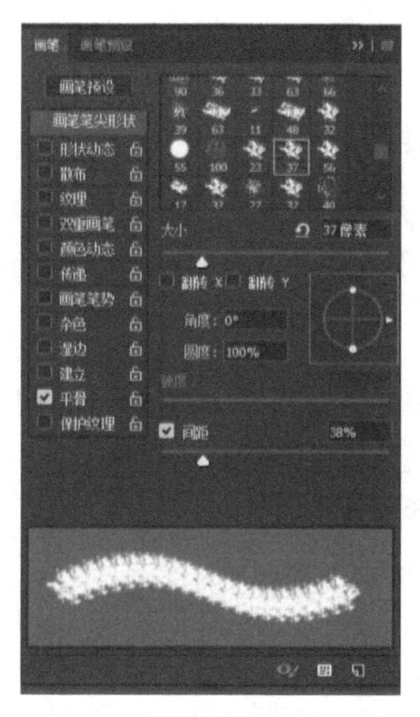

图 3-20

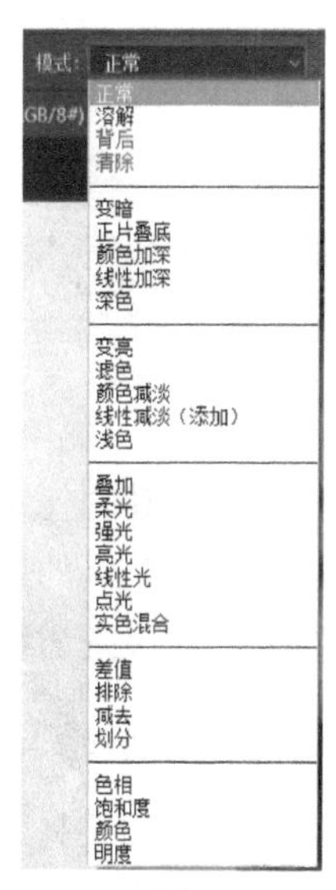

图 3-21

④不透明度、流量、喷枪：这 3 个功能的结合使用决定了洒在画布上的画笔油漆数。不透明度是主控制，它决定油漆的数量，用在任何区域；流量也控制数量，不过只控制笔刷运动时的路径数量；喷枪设置可以帮助建立一个基于时间而不是运动的画笔。

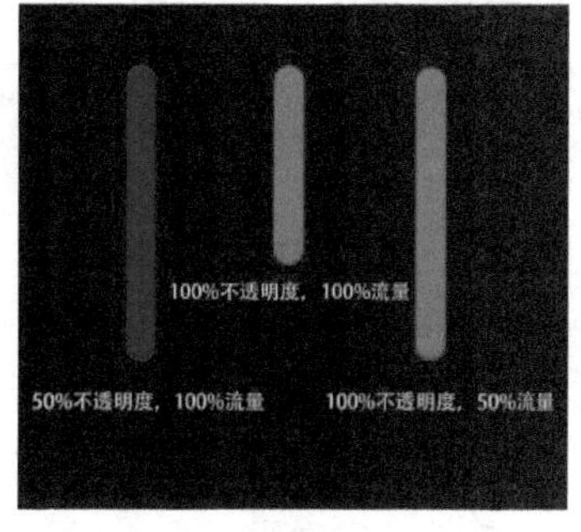

图 3-22

如图 3-22 所示为不同透明度和流量的画笔效果图，中间是 100%不透明度和 100%流量，左边是流量不变，不透明度减半，右边是不透明度不变，流量减半。

图 3-23（a）所示为笔刷间距最小时的示意图，从图中可以看出，当笔刷间距最小、不透明度不变而流量减半时，和 100%不透明度、100%流量效果完全一样；如图 3-23（b）所示为笔刷间距为 60 时的示意图，从图中可以看出，在单次操作中，流量是可以叠加的，而不透明度是不可以叠加的。如图 3-23（c）所示为笔刷间距为 120 时的示意图，可以看出，左右两边一致，相比于中间颜色都变浅了。

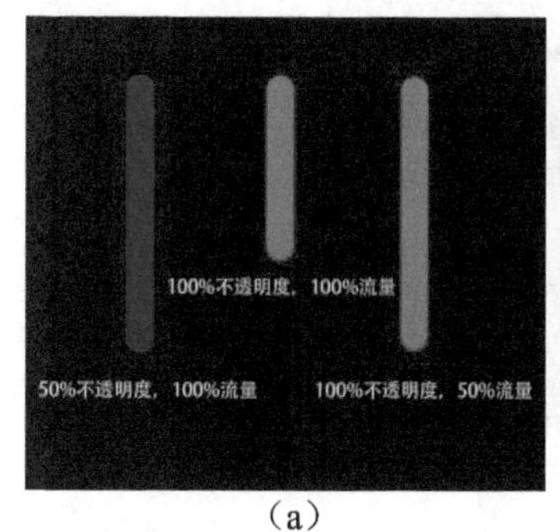

（a）　（b）　（c）

图 3-23

2. 铅笔工具

铅笔工具 的主要功能在于勾图、勾线框。如图 3-24 所示为铅笔工具的选项栏。

图 3-24

铅笔工具的使用技巧与画笔工具的相似，不同之处在于铅笔工具无法对其硬度进行设置，即铅笔工具的边缘无法做到模糊，只能调整透明度、大小及其他的形态，而没办法设置通过硬度改变边缘的羽化效果。

3. 颜色替换工具

颜色替换工具 属于绘图类工具，其主要用途是给图上色。画笔工具画上的颜色会直接覆盖在图片的上面，看起来很不自然，与画笔工具不同的是，颜色替换工具可以保存图片原有的高光、阴影等特征，这就很好地解决了这个问题。如图 3-25 所示为颜色替换工具的选项栏。

图 3-25

（1）画笔预设：可以修改画笔的大小、硬度、间距、角度、圆度、容差的数值，如图 3-26 所示。

（2）模式：用来设置需要替换的模式，包括色相、饱和度、颜色、明度 4 种模式，如图 3-27 所示。通常混合模式设置为“颜色”。

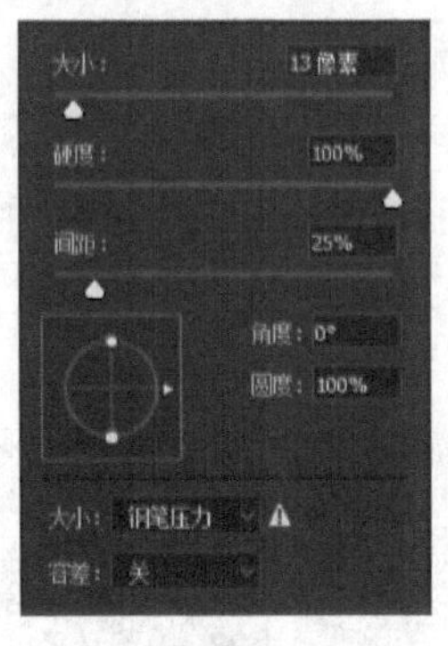

图 3-26

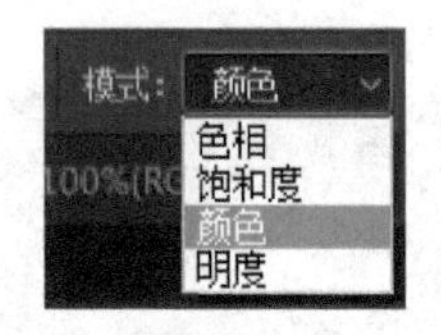

图 3-27

（3）取样：用来设置取样的方式。取样方式包括 3 种，“连续”是在拖移时对颜色连续取样，“一次”是指只替换第一次点按的颜色所在区域中的目标颜色，“背景色板”是指只抹除包含当前背景色的区域。

（4）限制：用来设置替换的方式。限制方式包括 3 种，“不连续”是指替换任何位置的样本颜色，“连续”是指替换与颜色邻近的颜色，“查找边缘”是指替换包含样本颜色的相连区域，同时更好地保留形状边缘的锐化程度。

（5）容差：用来设置替换颜色的相似度，数值范围为 1%~100%。数值越小，替换的颜色与所点按像素相似度越高，数值越大，替换的颜色与所点按像素相似度越低。

（6）消除锯齿：用来设置所校正的区域边缘是锯齿状的还是平滑状的。

4. 仿制源

打开一张图片，执行“窗口”→“仿制源”命令，可打开“仿制源”面板。单击仿制源，按住“Alt”键，可以设置不同的样本源（最多可以设置 5 个样本源），如图 3-28 所示。

图 3-28

（1）源：用来表示样本源在 X 轴和 Y 轴的像素位移。

（2）缩放：输入 W（高度）和 H（高度）可以缩放仿制的源图像，默认情况下是约束长宽比例的，若要分别调整长、宽比例，可单击锁定按钮，解除约束。

（3）旋转：单击“水平翻转”按钮，可以水平翻转仿制源；单击“垂直翻转”按钮，可以垂直翻转仿制源；在旋转文本框中输入旋转角度，可以旋转仿制源。

（4）复位变换：单击复位变换按钮，可将 W 值、H 值、角度值和翻转方向恢复到默认状态。

（5）帧位移/锁定帧：在“帧位移”文本框中输入帧数，可以使用与初始取样的帧相关的特定帧进行仿制。输入正值时，要使用的帧在初始取样的帧之后；输入负值时，要使用的帧在初始取样的帧之前。如果勾选“锁定帧”选项，则总是使用初始取样的相同帧进行仿制。

（6）显示叠加：勾选“显示叠加”选项，并指定叠加选项，可在使用修复画笔工具或仿制图章工具时更好地查看叠加及下面的图像。其中，勾选“已剪切”选项，可将叠加剪切到画笔大小；“不透明度”参数用于设置叠加图像的不透明度；勾选“自动隐藏”选项，可在应用绘画描边时隐藏叠加；如果要设置叠加的外观，可以选择相应的混合模式；勾选“反相”选项，可反相叠加选中的颜色。

5. 内容感知移动工具

内容感知移动工具的作用是将画面中的物体位置进行移动，将所移像素与原有像素进行自然融合，同时自动修补由于移动所造成的位置空缺。通过位置的移动，使画面的构图比例更加合理。如图 3-29 所示，物体位置移动之后，构图更加美观，且没有明显的修补痕迹。

图 3-29

内容感知移动工具是一种智能判定工具，其操作效果与图像本身的复杂程度有关。一般情况下，背景越简单，修补融合效果越好，有时可以达到以假乱真的效果；若背景较复杂，在智能整合、修补的过程中就会出现较大偏差，这时需要使用其他工具辅助修改完善。此外，在使用过程中，要注意移动后细节的丢失及是否产生附带损失，如人影留在原地、物体移开后浪花出现断层等。

3.2 课堂实训 2 脸部综合修复

任务描述

一张完美的人物照片，除了前期的精致妆容，后期的脸部修饰也非常重要。Photoshop CC 2017 提供了很多非常强大的功能对照片中人物的脸部进行修复，用来修饰人物本身的脸部缺陷和在拍摄过程中的不足。

效果分析

本例的目的是让大家了解常用的脸部缺陷修复工具，如用于去除红眼的红眼工具，用于放大眼睛、瘦脸的液化工具，用于修饰发丝的仿制图章工具等。通过学习，熟练掌握一些常用的修复脸部缺陷工具的使用方法，并能够灵活选用适当的工具对照片中人像脸部进行修饰。同时，通过拓展知识让大家了解一些设计原理，起到举一反三的作用。案例效果图 3-30 所示。

图 3-30

知识储备

1. 红眼工具

红眼工具用来消除使用闪光灯拍摄人物时产生的红眼现象，使用方法非常简单。选择红眼工具，直接在眼珠内单击或将眼珠区域框选起来即可，效果如图 3-31 所示。如图 3-32 所示为红眼工具的选项栏。

图 3-31

瞳孔大小：50%　变暗量：50%

图 3-32

（1）瞳孔大小：用来设置瞳孔（眼睛暗色中心）的大小。

（2）变暗量：用来设置瞳孔的暗度。

2. 仿制图章工具

仿制图章工具与修复画笔工具类似，是修补图像的常用工具，不同之处如下。

（1）仿制图章工具可以定义图章的不同画笔类型，如图 3-33 所示，而修复画笔工具只能使用圆形画笔工具。

（2）仿制图章工具在修补图像时可以设置画笔硬度，以产生一定的羽化效果，但不像修复画笔工具一样有智能融合的效果。

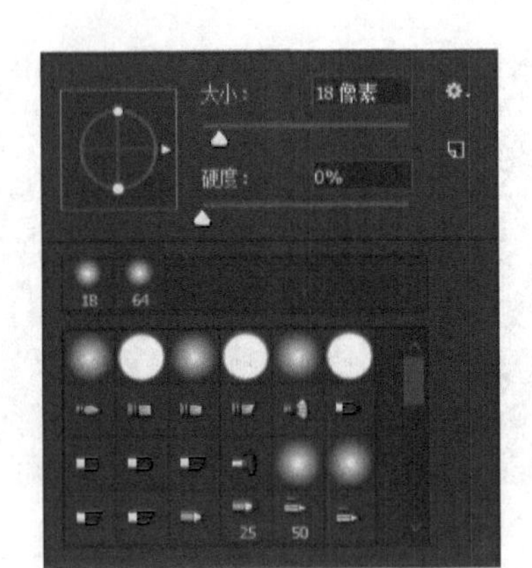

图 3-33

如图 3-34 所示为仿制图章工具的选项栏。

图 3-34

（1）模式：用来设置修复图像时使用的混合模式，包括正常、变暗、变亮、叠加等多种。

（2）不透明度：用来设置复制内容的不透明度，该值越低，透明度越高；该值越高，透明度越低。

（3）流量：用来设置当光标移动到某个区域时复制内容应用颜色的速率。在某个区域涂抹时，如果按住鼠标左键不放，颜色会根据流动速率增加，直至达到设置的不透明度。

（4）对齐、样本：同修复画笔工具。

仿制图章工具的操作方法如下。

在工具栏中选择仿制图章工具，选择一款画笔类型，调整画笔大小，选择所用的模式，鼠标光标移至需要取样的位置，按住“Alt”键进行取样，取样结束后放开“Alt”键，鼠标光标移至需要修复的位置进行涂抹，以达到修复目的。

小提示

1. 在修补脸部较大面积斑痕时，修复画笔工具和仿制图章工具都可以达到其较为理想的效果。当要进行完全复制、无须与周围像素融合时，宜选用仿制图章工具。
2. 要根据图片的大小来设定“主直径”的参数值。在操作过程中要按照实际需求随时调节“画笔”直径的大小。

操作步骤

以上介绍了 Photoshop 中“红眼工具”“仿制图章工具”等的相关知识，下面通过“修复图片缺陷”的实例——综合修复，对以上所学知识进行巩固练习。

Step 01 在 Photoshop 中打开素材“图 2.jpg”，如图 3-35 所示，对照片进行分析，该照片需要去除人物的红眼，将人物下巴、下颌微收，去除右下角座椅靠背。

图 3-35

Step 02 在工具栏中选择红眼工具，设置瞳孔大小为 50%，变暗量为 50%，分别在两只眼睛的位置单击，去除人物红眼。

Step 03 在工具栏中选择矩形选框工具，框选出头部区域，然后执行“滤镜”→“液化”命令，打开“液化”对话框，选择左上角“向前变形工具”，具体设置参数如图 3-36 所示。调整鼠标光标位置，按住鼠标左键拖曳，对人物的下颌、下巴进行微调。

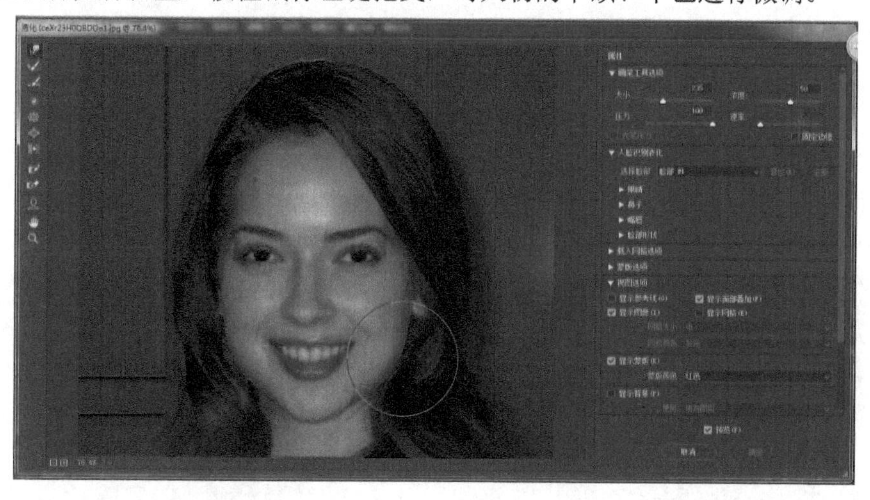

图 3-36

Step 04 使用仿制图章工具隐藏右下角座椅靠背。选择仿制图章工具，按住“Alt”键取样，如图 3-37 所示。松开“Alt”键，将鼠标光标移至座椅靠背位置进行涂抹，将取样部分像素复制到座椅靠背的位置。反复取样，反复涂抹，使复制像素不漏痕迹。

Step 05 执行“文件”→“存储”命令，保存为“综合修复.psd”文件，最终修复效果如图 3-38 所示。

图 3-37

图 3-38

3.3 课堂实训 3 用基本工具美白皮肤

任务描述

由于拍摄光线或人物本身肤色的原因，在后期处理过程中，会通过调整图像中像素的颜色、亮度、饱和度、对比度等对人物肤色进行处理，以达到美白肤色的效果。本任务通过调色、磨皮等操作，对人物皮肤进行美白处理。

效果分析

本例的目的是通过 Photoshop CC 2017 中的基本工具对人物肤色进行初步处理，如使用高斯模糊工具对人物进行磨皮处理，使用色阶、曲线进行简单调色等，使照片更加光彩照人。通过学习，应熟练掌握一些常用的美白皮肤工具的使用方法。同时，通过拓展知识让大家了解一些设计原理，起到举一反三的作用。案例效果图 3-39 所示。

图 3-39

调整图层

调整图层是一种较为特殊的图层，它可以将色调和颜色的调整作用于图像，但不改变原有图像的像素。因此，使用调整图层不会对图像本身造成实质性破坏。

在 Photoshop CC 2017 中，图像的色彩与色调调整有两种方式：一种是执行“图像”→“调整”命令，选择下拉菜单中的调整命令；另一种是创建调整图层。

创建调整图层的方法如下。

（1）执行“图层”→“新建调整图层”命令，可以创建多种类型的调整图层，如图 3-40 所示。

（2）单击图层面板下方“创建新的填充或调整图层”按钮，可以创建多种类型的调整图层，如图 3-41 所示。

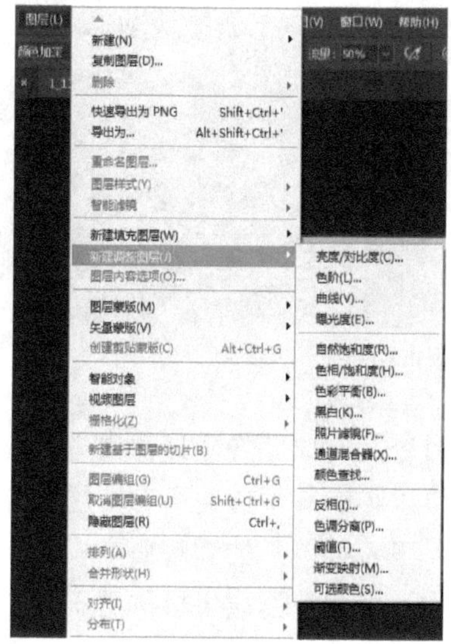

图 3-40

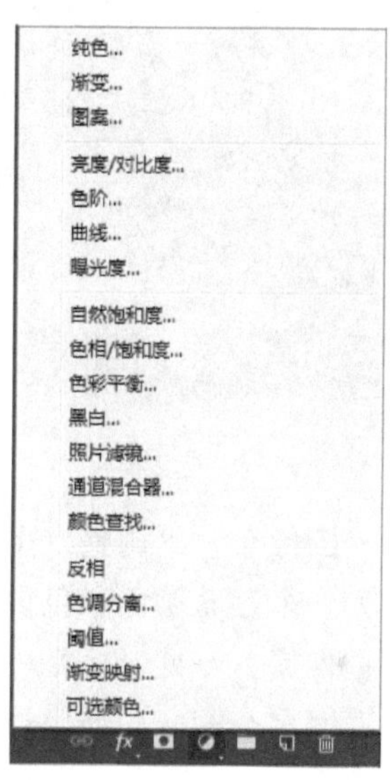

图 3-41

如图 3-42 所示为原图，如图 3-43 所示为执行“图像”→“调整”下拉菜单中的调整命令对图片进行调整，如图 3-44 所示为使用调整图层对图片进行调整。

图 3-42

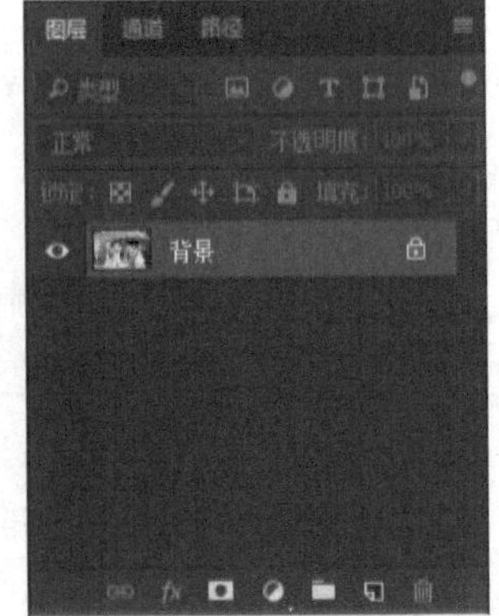

图 3-43

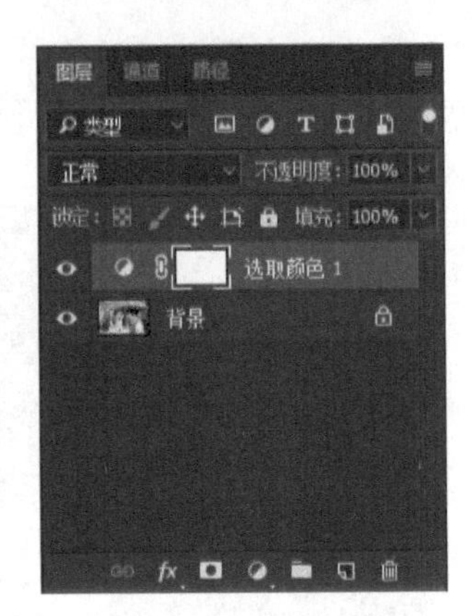

图 3-44

执行“图像”→“调整”下拉菜单中的调整命令是对原图像数据像素进行修改，而调整图层作为一个存储颜色和色调调整的图层，它可以影响其下方的所有图层，但并不更改原图像数据像素。此外，执行“图像”→“调整”下拉菜单中的调整命令只能作用于一个图层，若要对多个图层均使用该命令需要反复操作，而调整图层可以作用于多个图层。在需要使用该命令的多个图层上创建调整图层时，通过调节调整图层从而影响下方的所有图层。当下方某一图层无须使用该命令时，将该图层移动到调整图层上方即可解除影响。

操作步骤

Step 01 在 Photoshop CC 2017 中打开素材“图 3.jpg”，如图 3-45 所示，对于较为明显的斑痕，采用“污点修复画笔工具”进行处理。使用时要注意对笔刷大小的调整，既要保证笔刷能覆盖斑痕，又要保证笔刷不要过大超出皮肤范围，处理后的效果如图 3-46 所示。

Step 02 选择当前图层，按“Ctrl+J”组合键将当前图层复制一层，命名为“表面模糊”，如图 3-47 所示。执行“滤镜”→“模糊”→“表面模糊”命令，在弹出的对话框中设置参数，如图 3-48 所示。

图 3-45

图 3-46

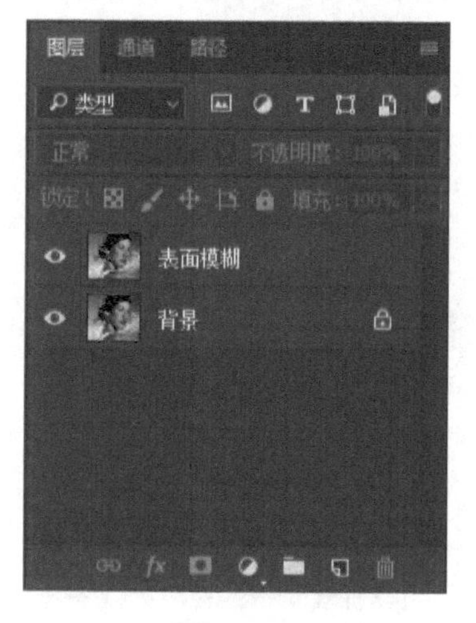

图 3-47

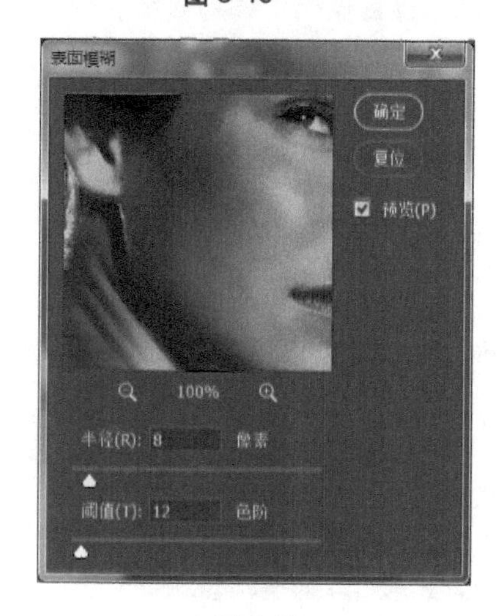

图 3-48

Step 03 按住“Alt”键并单击“添加矢量蒙版”按钮，创建黑色图层蒙版，然后选择画笔工具，将硬度调整为 0%，将前景色设置为白色，调整画笔大小，在图层蒙版上进行涂抹，如图 3-49 所示。处理效果如图 3-50 所示。

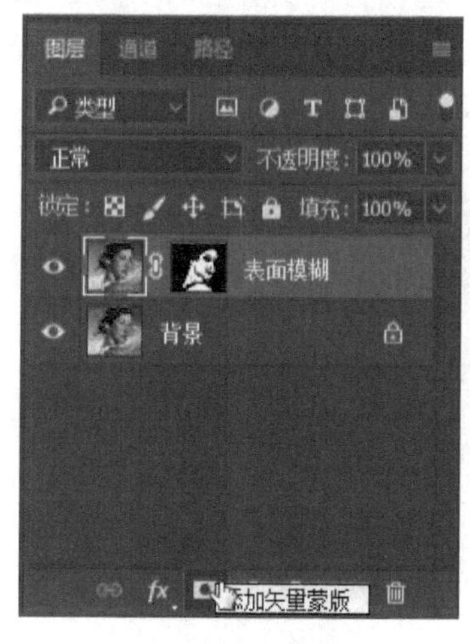

图 3-49

图 3-50

小提示

单击“添加矢量蒙版”按钮，可以创建一个白色的图层蒙版，按住“Alt”键的同时单击“添加矢量蒙版”按钮，可以创建一个黑色图层蒙版。图层蒙版上的黑、白、灰三种颜色分别表示图层上对应像素的隐藏、显示、半透明状态。

Step 04 新建一个图层，按“Ctrl + Alt + Shift + E”组合键盖印可见图层，将该图层命名为“高斯模糊”，如图 3-51 所示。执行“滤镜”→“模糊”→“高斯模糊”命令，在弹出的对话框中设置模糊半径，通常半径的数值由图像的像素大小决定，本例设置半径为 3，单击“确定”按钮，此时整个画面显现出模糊状态。按住“Alt”键的同时单击“添加矢量蒙版”按钮，创建黑色图层蒙版，再用柔边白色画笔将图 3-52 所示选区部分涂出来。

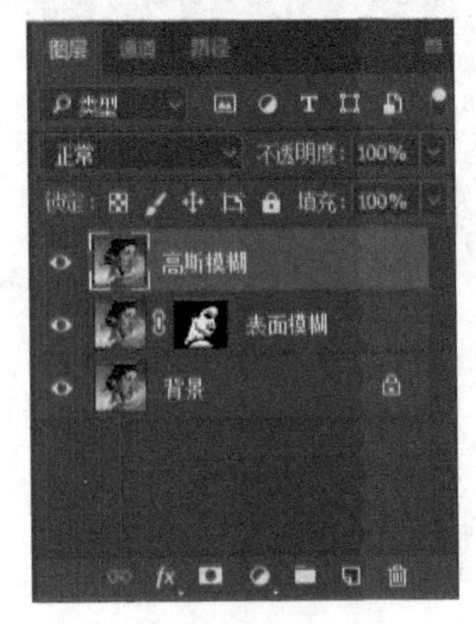

图 3-51

图 3-52

Step 05 新建一个图层，按“Ctrl + Alt + Shift + E”组合键盖印可见图层，命名为“轮廓处理”；用钢笔先勾出脸部轮廓，把边缘有杂色的部分用涂抹工具涂抹一下。

Step 06 为了改善图像人物肤色偏黄的问题，新建一个“可选颜色”调整层，如图 3-53 所示，属性参数设置如图 3-54 所示。

图 3-53

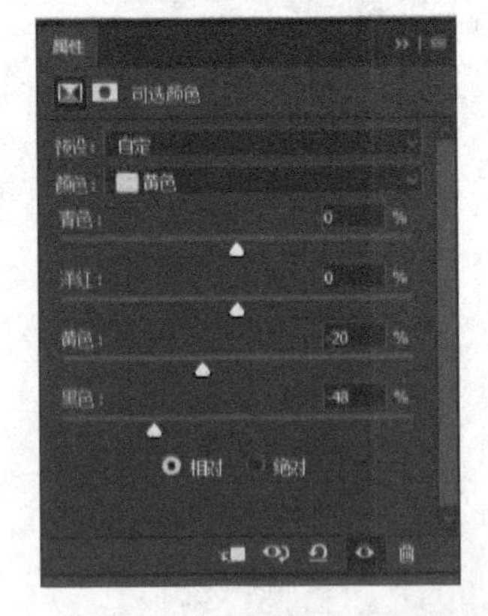

图 3-54

> **小提示**
>
> 调整图层作为一种图层存在，在创建之后，可以通过控制该图层的显示/隐藏来浏览其作用效果。此外，当对操作效果不满意时，可以双击该图层，进入属性面板，对其参数进行重新设置，从而达到其理想效果。

Step 07 执行“文件”→“存储”命令将文件保存为“人物磨皮.psd”，最终处理后的效果对比如图 3-55 所示。

图 3-55

知识拓展

1. 历史记录画笔工具

在修图过程中，不可避免地会出现错误操作或反复修改，历史记录画笔工具可以理性、真实地还原某一区域的某一步操作，可以将标记的历史记录状态或快照用作源数据对图像进行修改。如图 3-56 所示为历史记录画笔工具的选项栏，它与画笔工具基本相同。

图 3-56

其修图基本用法如下。

（1）在 Photoshop CC 2017 中打开素材“图 4.jpg”。

（2）执行“滤镜”→“模糊”→“高斯模糊”命令，在弹出的对话框中设置模糊半径为 3，单击“确定”按钮。

（3）打开历史记录面板，单击右下方“创建新快照”按钮，如图 3-57 所示。

（4）单击历史记录面板中“高斯模糊”前的方框，标记该步骤，并选择上一步骤“打开”命令，如图 3-58 所示，选择历史记录画笔工具，对皮肤进行涂抹。涂抹时要随时调整画笔大小，并避开五官位置。

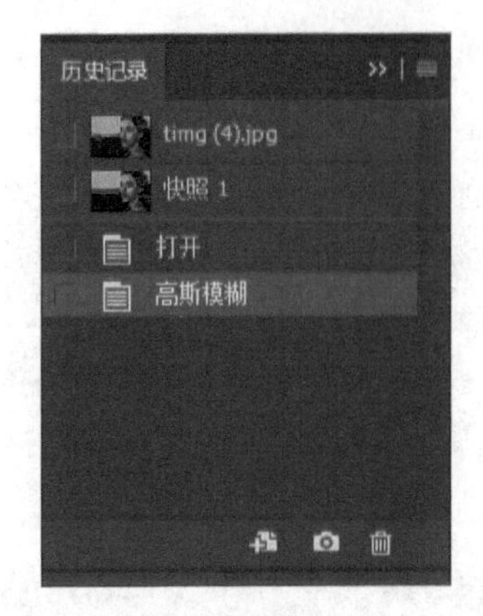

图 3-57

图 3-58

（5）最终处理的效果对比如图 3-59 所示。

图 3-59

小提示

历史记录面板默认保存 20 步历史记录，因此只能返回 20 步以内的操作，若想要返回 20 步以前的状态，历史记录面板无法完成。创建快照的目的是保存现阶段的操作效果，当此后操作步骤过多且效果不理想时，可单击快照回到现阶段保存效果。因此，在进行较为复杂的操作时，可在较为理想的操作效果下使用快照工具，方便以后使用。

2．历史记录艺术画笔工具

与历史记录画笔工具相似，历史记录艺术画笔工具同样可以将标记的历史记录状态或快照作为源数据对图像进行修改。它们的不同之处在于，历史记录艺术画笔工具在使用源数据的同时，可以为图像创建一些不同的颜色和艺术风格。如图 3-60 所示为历史记录艺术画笔工具的选项栏。

模式：正常　不透明度：100%　样式：绷紧短　区域：50 像素　容差：0%

图 3-60

（1）模式、不透明度：同历史记录画笔工具。

（2）样式：用来控制绘画描边的形状，包括绷紧短、绷紧中、绷紧长等 10 种样式类型。

（3）区域：用来设置绘画描边所能覆盖到的区域。数值越大，所覆盖的区域越大，描边的数量越多。

（4）容差：用来限定可应用绘画描边的区域，数值为 0%～100%。低容差值时可以在图像中的任何区域绘制无数条描边，高容差值时可以将绘画描边的区域限定在与源数据或快照中颜色有明显差异的区域。

3.4　课堂实训 4　用外挂插件美白皮肤

任务描述

Photoshop 作为一款修图软件已被人们所熟知，尤其是被许多摄影爱好者用来处理摄影图片。Photoshop 强大的外挂滤镜功能，能够满足人们快速精细制作的需求，完善美化图片。本节将人物照片通过 Photoshop 的外挂滤镜 Portraiture 进行美化处理。

效果分析

本例的目的是学习外挂滤镜的磨皮滤镜，同时，让大家熟悉通过外挂滤镜来处理图片的方法，掌握软件扩展知识并学习运用，了解图片处理的掌握程度与主次关系，起到举一反三的作用。案例效果如图 3-61 所示。

图 3-61

知识储备

1．外挂滤镜简介

Photoshop CC 2017 自带很多滤镜效果，可以做出不同的图片效果。外挂滤镜是软件以外，人们根据需要自行开发的滤镜，从而满足个性化需求。

2. 外挂滤镜插件的安装与使用

将下载好的外挂滤镜插件（如 Portraiture_64）直接复制到 Photoshop CC 2017 的安装目录（默认为 C:\Program Files\Adobe\Adobe Photoshop CC 2017\Plug-ins）文件夹下，重启 Photoshop 软件，在滤镜菜单下就可以找到所安装的外挂滤镜，如图 3-62 所示。

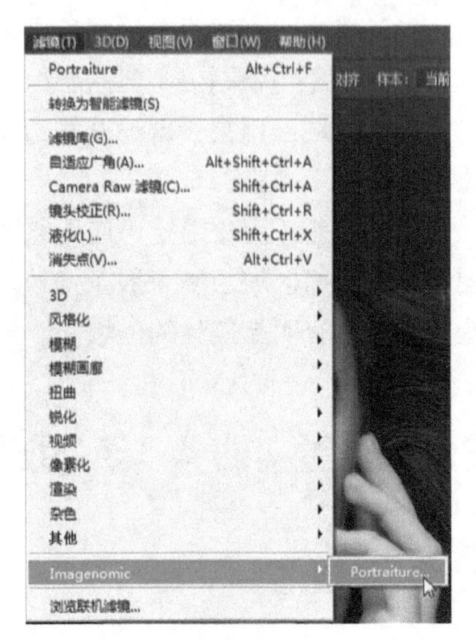

图 3-62

3. 磨皮滤镜插件 Portraiture

常见的磨皮滤镜插件有 Neat Image、柯达磨皮、Topaz、Portraiture 等。Portraiture 作为一款非常智能的磨皮插件，主要用于人像照片混润色，它能准确地判断照片中的皮肤，忽略头发、眉毛、睫毛、眼睛等部位，对皮肤进行平滑处理，如图 3-63 所示。

图 3-63

在图 3-63 中：①为磨皮调节设置，设置对人物图片的处理强度；②为皮肤选区设置，设置人物图片肤色的选择范围；③为图片细节的进一步调节设置；④为预览区，可以同时观看图片处理的对比效果。

> **小提示**
>
> 根据图片中人物的具体肤质来调整磨皮滤镜的具体参数设置，注意观察人物五官细节的变化。

操作步骤

以上学习了 Photoshop 中“磨皮滤镜”的相关知识，下面通过对人物照片处理的实例对所学知识进行巩固练习。

Step 01 在 Photoshop 中打开素材“图 5.jpg”。

Step 02 执行“滤镜”→“Imagenomic”→“Portraiture”命令，弹出磨皮对话框，根据人物的具体肤质及图片处理的需求来设定参数，效果满意后单击“确定”按钮，如图 3-64 所示。

图 3-64

Step 03 执行“文件”→“存储”命令将文件保存为“磨皮滤镜.psd”，最终效果如图 3-65 所示。

图 3-65

小提示

在使用磨皮滤镜插件进行操作时，有些部位最终的效果可能不是很理想，特别是当人物脸部有较大瑕疵痕迹时，可结合仿制图章工具进行调整。

本章主要学习了 Photoshop CC 2017 中“污点修复画笔工具”“修补工具”“修复画笔工具”“仿制图章工具”等基础修图工具的操作方法，知识点较多，但操作简单，易于掌握。基础修图工具的操作方法是将来应用 Photoshop 进行复杂操作的基础，是本章学习的重点内容。

“修复画笔工具”“仿制图章工具”和“历史记录画笔工具”3 个工具在修饰图片的操作中各具特点，同时又有相似之处，在处理图片的过程中要学会多个工具的配合使用，以发挥其各自优势。

3.5 拓展实训

1．请运用所学知识，对素材“图 6.jpg”施展面部美容术，如图 3-66 所示。

操作要点：此人物脸部斑痕范围比较大，适合应用模糊工具进行磨皮处理。

2．请运用所学知识，为素材“图 7.jpg”中的老人去除皱纹，恢复其青春容貌，如图 3-67 所示。

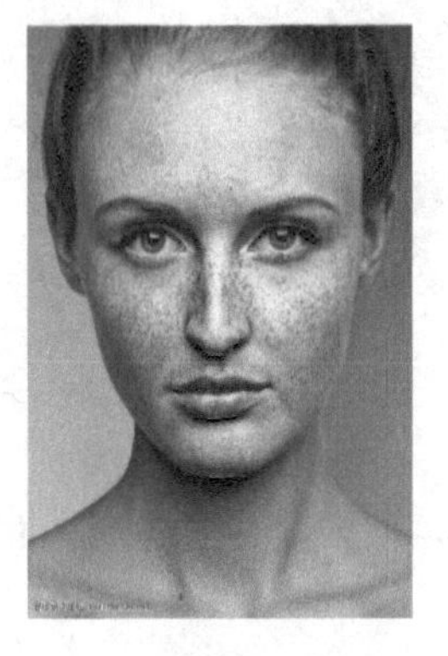

图 3-66

图 3-67

操作要点：脸部皱纹可使用“仿制图章工具”来处理，在淡化处理的过程中要注意处理的力度。

课后习题 3

1. 填空题

（1）修复画笔工具设置源点为的快捷键是（　　　）。

（2）在使用修图工具时，可以通过（　　　）、（　　　）快捷键来设置“画笔”直径大小。

（3）处理小面积细小斑痕时可以使用（　　　）、（　　　）工具。

（4）处理脸部较大斑痕时可以使用（　　　）、（　　　）工具。

2. 判断题

（1）仿制图章工具只能在本图层中进行操作。（　　　）

（2）历史记录画笔工具没有“画笔”选项。（　　　）

第4章 人像照片美化晋级

4.1 课堂实训1 镜头畸变修复

任务描述

使用“去色”“镜头校正”“变形工具”对宝宝图片进行镜头畸变处理，利用“剪贴蒙版”创建“宝宝茶杯”效果，如图4-1所示。

图4-1

效果分析

（1）使用“去色”、图层样式中的“滤色”“不透明度”调整图片的亮度；
（2）使用“镜头校正”工具对宝宝图片进行广角校正；
（3）使用“剪贴蒙版”制作宝宝茶杯的贴图。

知识储备

蒙版，是将不同的灰度色值转化为不同的透明度，并应用到它所在的图层，使图层不同部位的透明度产生相应的变化。就像铺在图层上的一层隐藏的纸，使用它可以将一部分图像区域保护起来，以免被操作。黑色为完全透明，白色为完全不透明。也就是将不同灰度色值转化为不同的透明度，并作用到它所在的图层，使图层不同部位的透明度产生相应的变化。

蒙版就是选框的外部（选框的内部是选区）。PS 中的蒙版通常分为 4 种，即快速蒙版、图层蒙版、矢量蒙版、剪贴蒙版。

1. 快速蒙版

运用快速蒙版出来后的临时通道，可进行通道编辑。在退出快速蒙版模式时，原蒙版中原图像显现的部分便成为选区，是一个编辑选区的临时环境，可以辅助用户创建选区。

创建方法：

（1）选中“椭圆选框工具（M）”，在图像窗口中选择需要更改的部分，效果如图 4-2 所示。

（2）在工具箱中用鼠标单击“以快速蒙版模式编辑”按钮，“快速蒙版”模式将应用于选中的区域，并用默认的红色、50%透明覆盖并保护未被选中的区域，效果如图 4-3 所示。

图 4-2

图 4-3

技巧点拨：

方法 1：执行“选择”→“在快速蒙版模式下编辑（Q）”命令选择快速模板。

方法 2：工具栏中如图 4-4 所示位置就是快速蒙版模式和标准模式切换的按钮，（快捷键是 Q 键），单击进入快速蒙版模式。在工具箱中选择任意一种绘画或编辑工具，对蒙版进行编辑，在图像窗口中选择需要更改的部分。

（3）在工具箱中选择任意一种绘画或编辑工具，对蒙版进行编辑。默认情况下，用黑色绘画可使蒙版区扩大（选区缩小），用白色绘画可使蒙版区缩小（选区扩大），用灰色或其他颜色绘画可创建半透明区域，用于羽化或消除锯齿，效果如图 4-5 所示。

图 4-4

（4）用鼠标单击工具箱中的“以标准模式编辑”按钮，将关闭快速蒙版，并返回到原图像状态，修改后的蒙版被转换为选区，效果如图 4-6 所示。

图 4-5

图 4-6

2．图层蒙版

图层蒙版是覆盖在某一个特定图层或图层组上的蒙版，可以控制当前层中不同区域的隐藏和显示方式。通过更改图层蒙版，可以在不改变图层本身的前提下对图层应用各种特殊的效果，如图 4-7～图 4-10 所示。

图 4-7　素材一

图 4-8　素材二

图 4-9　图层蒙版后

图 4-10　“图层”面板

（1）创建图层蒙版

方法 1：选择要添加蒙版的普通图层，单击“图层”面板底部的“添加图层蒙版”按钮可以为当前图层添加一个图层蒙版。

方法 2：执行“图层”→“图层蒙版”命令。

在子菜单中有 4 种添加蒙版的方式。

①显示全部：添加一个白色的图层蒙版，图层上的图像全部显示。

②隐藏全部：添加一个黑色的图层蒙版，图层上的图像全部隐藏。

③显示选区：添加的图层蒙版中，原来选区的位置为白色，其余区域为黑色。选区区域被显示，其他区域隐藏。

④隐藏选区：在添加的图层蒙版上黑白两色的位置与显示选区相反，效果为选区区域隐藏，其他区域显示。

（2）图层蒙版的编辑

可以借助“画笔工具”“渐变工具”编辑图层蒙版。选中蒙版缩略图，用黑色画笔绘画，蒙版区域扩大；用白色画笔绘画，蒙版区域缩小；用灰色画笔绘画，会创建渐隐效果。操作时，要注意选择的对象是图层还是蒙版。

（3）图层蒙版的停用、启用

在蒙版上单击鼠标右键，在弹出的快捷菜单中选择“停用图层蒙版”或者“启用图层蒙版”命令。

（4）图层与蒙版的链接与取消链接

图层与蒙版之间有图标，表示图层与蒙版是链接的。此时，图层与蒙版是组合在一起的，移动图层时，蒙版也一起移动，图层显示隐藏效果不会改变。

操作步骤

1. 茶杯制作

（1）启动 Photoshop CC 2017，执行“文件”→“打开”命令，在素材文件中找到名为“茶杯”的图片。右击图层面板中的背景图层，在弹出的快捷菜单中选择“复制图层”命令，在打开的“复制图层”对话框中将“为（A）”选项命名为“茶杯”，单击“确定”按钮，如图 4-11、图 4-12 所示。

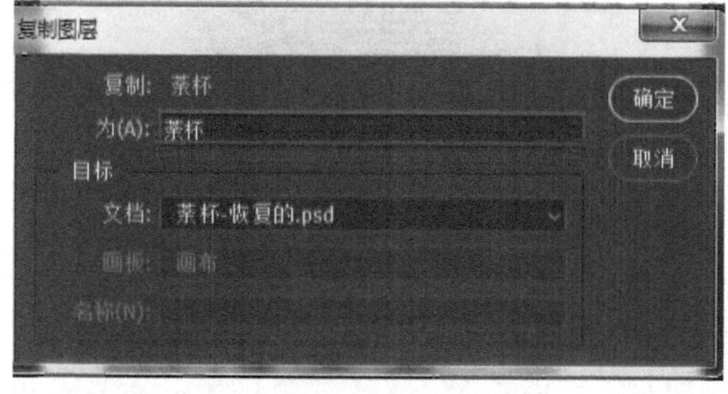

图 4-11

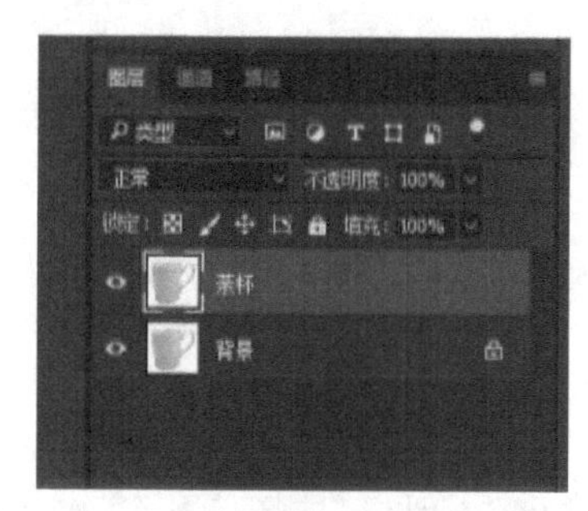

图 4-12

（2）按组合键“Ctrl+T”旋转杯体，将杯体位置摆正，复制图层，将“背景”“茶杯”图层隐藏，保留“茶杯复制”图层，如图 4-13、图 4-14 所示。

（3）利用“快速选择工具”选择杯体，按组合键“Ctrl+Shift+I”进行反选，删除把手，保留杯体，效果如图 4-15 所示。

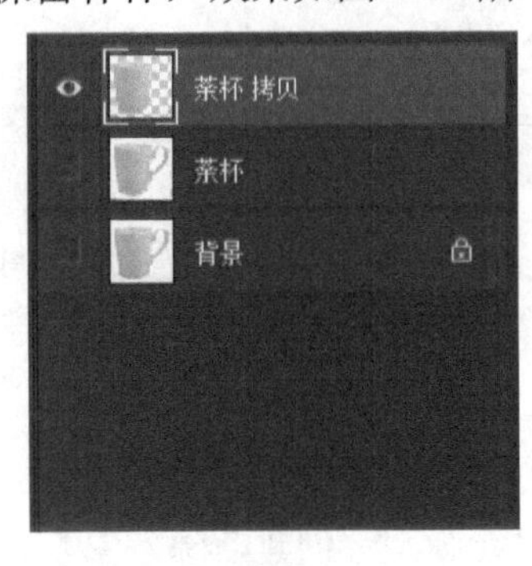

图 4-13

图 4-14

图 4-15

2. 镜头畸变处理

（1）打开素材文件中的“宝宝.jpg”，复制“宝宝”图层并命名为“宝宝 1”，执行“图像”→“调整”→“去色”命令，将图像转为相同颜色模式下的灰度图像。

（2）将“宝宝 1”的图层混合模式设置为“滤色”模式，“不透明度”选项的参数设置为 40%，调整图片的亮度，效果如图 4-16 所示。

（3）右击“宝宝 1”图层，在弹出的快捷菜单中选择“向下合并”命令，执行“滤镜”→“镜头校正”命令。在打开的“镜头校正”对话框中单击左上角“移去扭曲工具”，在对话框右侧“自动缩放图像”中的“边缘”选项选择“边缘扩展”，鼠标在宝宝图像面部向右侧轻轻拖动，达到面部饱满的效果，如图 4-17 所示。

图 4-16

图 4-17

（4）利用移动工具移动到“茶杯”文件中，生成“图层 3”，图层重命名为“宝宝”。按组合键“Ctrl+T”，按住 Shift 键按比例调整“宝宝”图片的大小、位置，如图 4-18 所示。

（5）执行“Ctrl+T”组合键，选择“在自由变换和变形模式之间切换”按钮，在“变形中”选择“拱形”调整，要求与杯顶的弧度保持一致效果，如图 4-19 所示。最后单击“提交变换”按钮。

图 4-18

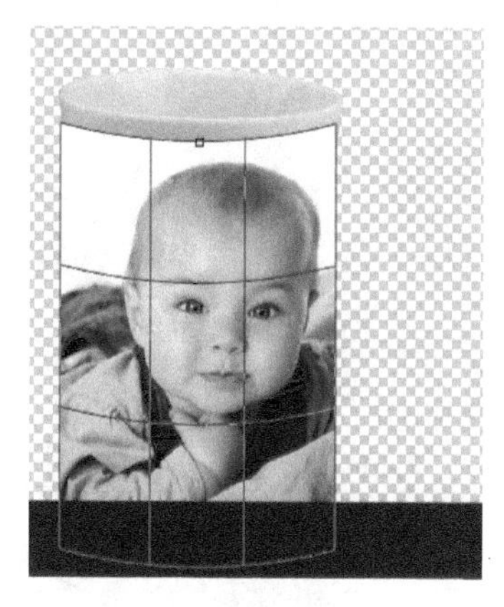

图 4-19

（6）选择“宝宝”图层，利用“魔棒工具”，在属性栏中设置容差为 20，删除背景颜色。右击鼠标，在弹出的快捷菜单中选择“剪贴蒙版”命令，显示“茶杯”“背景”图层，“宝宝茶杯”制作完成。其效果如图 4-20、图 4-21 所示。

图 4-20

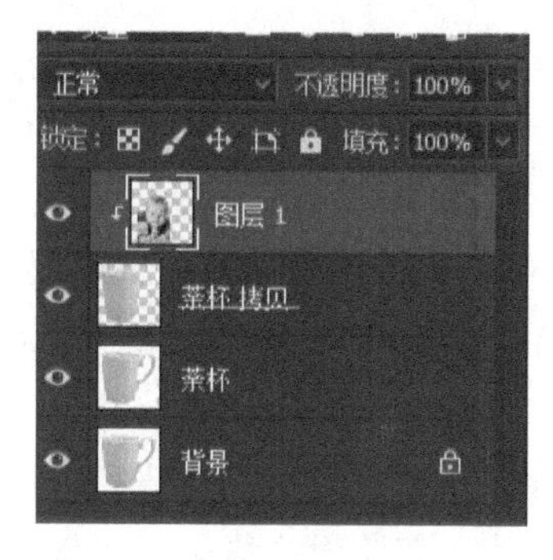

图 4-21

知识拓展

1. 矢量蒙版

矢量蒙版可在图层上创建锐边形状，因为矢量蒙版是依靠路径图形来定义图层中图像的显示区域的。矢量蒙版中创建的形状是矢量图，可以使用钢笔工具和形状工具对图形进行编辑修改，从而改变蒙版的遮罩区域，也可以对它任意缩放而不必担心产生锯齿，不会因为放大或缩小操作而影响图像的清晰度。

创建矢量蒙版的操作步骤如下。

（1）在人物图像的合适位置拖动鼠标，绘制路径，如图 4-22、图 4-23 所示。注意绘制对象时，一定要在属性面板中选择“路径”。

图 4-22　背景

图 4-23　人物

（2）按住 Ctrl 键，单击图层控制面板底部的“添加图层蒙版”按钮，即可将路径创建为矢量蒙版，如图 4-24、图 4-25 所示。

图 4-24

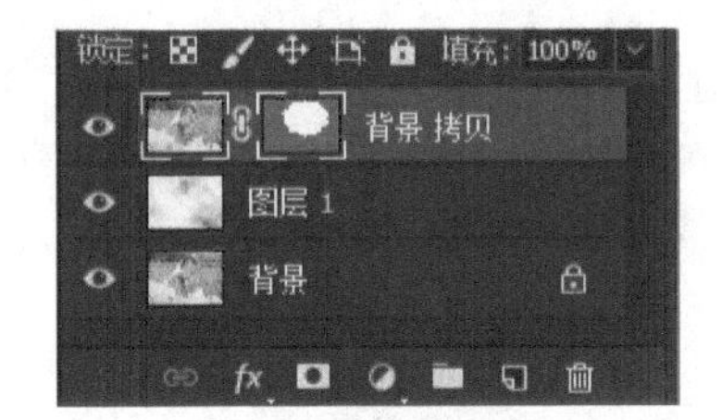

图 4-25

（3）也可以直接单击蒙版控制面板中的“添加矢量蒙版”按钮，同样可将路径创建为矢量蒙版。

（4）打开蒙版控制面板，在蒙版控制面板中设置羽化值，使蒙版边缘呈羽化效果，如图 4-26 所示，使图片合成得更柔和一些。

图 4-26

2. 剪贴蒙版

剪贴蒙版命令是通过处于下方图层的形状来限制上方图层的显示状态，达到一种剪贴画的效果，即“下形状上颜色”。

剪贴蒙版由两个以上图层构成，处于下方的图层称为基层，用于控制上方图层的显示区域，上方的图层称为内容图层，它只显示基底图层中有像素的部分，其他部分隐藏，基底图层名称带有下画线，内容是缩进的且在左侧显示有剪贴蒙版图标。在每一个剪贴蒙版中基层只有一个，而内容图层则可以有若干个。

创建方法如下：

方法 1：打开“图层”→“创建剪贴蒙版”，组合键为“Alt+Ctrl+G”。

方法 2：按住 Alt 键，在两图层中间出现图标后单击左键。建立剪贴蒙版后上方图层缩略图缩进，并且带有一个向下的箭头。

4.2　课堂实训 2　面部轮廓综合美化

任务描述

拍摄照片时，希望面部的轮廓要具有锥形的下巴、光滑的皮肤和精致的五官。本节学习使用液化、表面模糊、污点修复画笔等工具，对数码照片进行综合美化，创建“青春飞扬”电子相册封面，效果如图 4-27 所示。

图 4-27

效果分析

（1）使用表面模糊工具对人物面部进行整体美化；

（2）使用污点修复工具对人物面部进行细节美化；

（3）使用液化工具对人物脸部形状、眼睛、鼻子、嘴唇等部位进行细节美化；

（4）使用选择并遮住命令对人物进行抠图。

知识储备

液化滤镜

液化滤镜可以对图像中的任何区域创建推、拉、旋转、扭曲、收缩等变形效果。“人脸识别液化”具备高级人脸识别功能，可自动识别眼睛、鼻子、嘴唇和其他面部特征。如图 4-28、图 4-29 所示为使用液化滤镜调整人物眼睛与面部轮廓的效果对比。

图 4-28

图 4-29

（1）“液化”滤镜的主要工具。

“向前变形工具”：可以向前推动像素，产生变形效果，在图像上拖移时向前推移像素。

“重建工具”：用于局部或全部恢复变形的图像，在图像上拖移，使变形的图像恢复原来的效果。

“顺时针旋转扭曲工具”：在图像上按住鼠标或拖移时，用于顺时针旋转扭曲，按住 Alt 键进行操作，可产生逆时针旋转扭曲效果。

“褶皱工具”：使像素向画笔区域中心移动，产生内缩效果，可以理解为缩小，例如把眼睛缩小、把鼻子缩小、把嘴巴缩小等。

“膨胀工具”：使像素向远离画笔中心的方向移动，产生膨胀效果，可以理解为放大，例如把眼睛放大，把鼻子放大，把嘴巴放大等。

“左推工具”：使像素垂直移向绘制方向。当向上拖动鼠标时，像素向左移动；向下拖动鼠标时，像素向右移动。当向右拖动鼠标时，像素会向上移动；向左拖动鼠标时，像素向下移动。按住 Alt 键的同时操作，移动方向相反。

“冻结蒙版工具”：使用该工具涂抹，可使涂抹的区域不发生变形。

“解冻蒙版工具”：用来使被冻结的蒙版区域解冻。

“脸部工具”：用于眼睛、鼻子、嘴唇、脸部形状的精确调整。

“抓手工具”：当图像超出预览窗口时，可用该工具拖移图像，以观看局部。

“缩放工具”：在预览窗口中单击或使用右键快捷菜单命令，对图像进行缩放。

（2）画笔工具选项。

大小：用来设置扭曲图像的画笔大小。

浓度：控制画笔边缘的羽化范围。

压力：控制画笔在图像上拖移时扭曲的强度。

速率：控制画笔在图像上静止时扭曲的速度。

人脸识别液化：人脸识别功能，可自动识别脸庞、眼睛、鼻子、嘴巴及其他脸部特征。

存储网格：要存储扭曲网格，在扭曲预览图像后单击“存储网格”按钮。

载入网格：应用扭曲网格，请单击“载入网格”按钮，选择要应用的网格文件，然后单击“打开”按钮。

（3）蒙版选项：图像中含有选区或蒙版区域，则可通过选项组来设置蒙版的保留方式。

替换选区：显示原图像中的选区、蒙版或透明度。

添加到选区：显示原图像中的蒙版，可以使用冻结工具添加到选区，将通道中的选定像素添加到当前的冻结中。

从选区中减去：将通道中的像素从当前的冻结中减去。

与选区交叉：只使用当前处于冻结状态的选定像素。

反相选区：使用选定像素反相当前的冻结。

（4）视图选项：用来设置参考线、面部叠加、图像、网格、蒙版、背景显示与隐藏，以及蒙版的颜色、背景的不透明度。

（5）画笔重建选项。

重建：单击该按钮，可逐步对图像进行重建。

恢复全部：可取消所有的扭曲效果。

操作步骤

1. 背景制作

（1）执行“文件”→“新建”命令，新建一个宽度为1280像素、高度为850像素、分辨率为72像素/英寸、背景内容为白色、名称为“青春飞扬”的文件。

（2）打开素材图片“背景1.jpg”，利用“移动工具”将其移动到“青春飞扬”文件中，生成“图层 2”，按组合键“Ctrl+T”，调整图片大小，以左侧对齐、高度等高为准，效果如图4-30所示。

图 4-30

2. 人物制作

（1）执行“文件→新建”命令，新建一个宽度为 900 像素、高度为 600 像素、分辨率为 72 像素/英寸、背景内容为白色、名称为“青春飞扬”的文件。

（2）打开素材图片“人物.jpg”，右击“背景”图层，在弹出的快捷菜单中选择“复制图层”命令，打开“复制图层”对话框。

（3）选择“椭圆选框工具”在人物的面部绘制选区，如图 4-31 所示，执行“滤镜→模糊→表面模糊”命令，设置参数“半径（R）：”为 1，“阈值（T）：”为 15，单击“确定”按钮。

图 4-31

（4）选择“污点修复画笔工具”，在属性栏中设置大小为 19，用鼠标单击如图 4-32 所示部位，并去除其他部位的杂点，如图 4-33 所示。

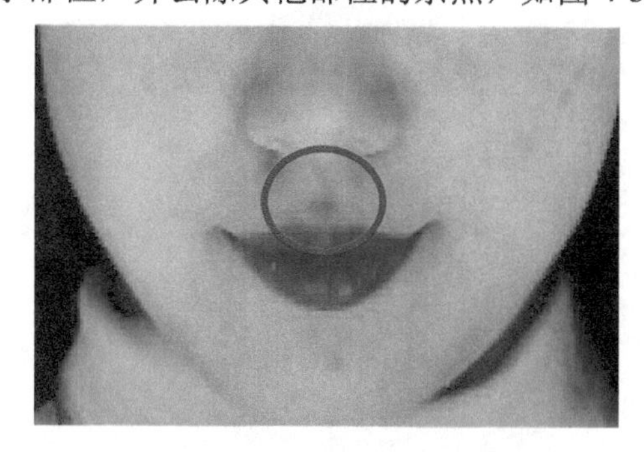

图 4-32 污点修复画笔工具使用前

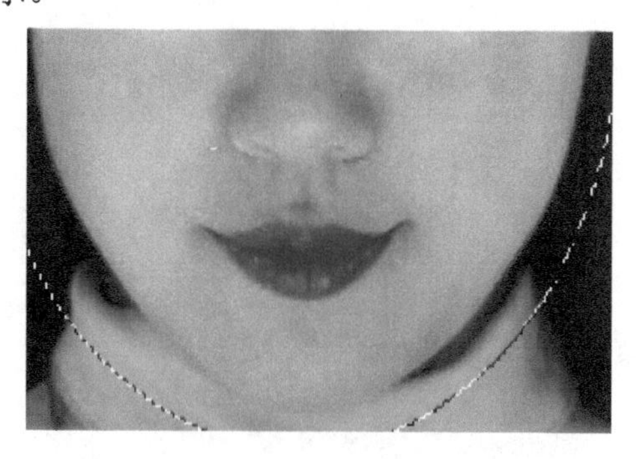

图 4-33 污点修复画笔工具使用后

（5）执行“图像→调整→曲线”命令，拖动曲线，设置参数“输入（I）：”值为 180，“输出（O）：”为 190，单击“确定”按钮。

（6）执行“滤镜→液化”命令，打开“液化”对话框，选择“脸部工具”，设置参数“下颌”为-49，“微笑”为 20，上嘴唇、下嘴唇均为 3，眼睛大小为 17，效果如图 4-34 所示。

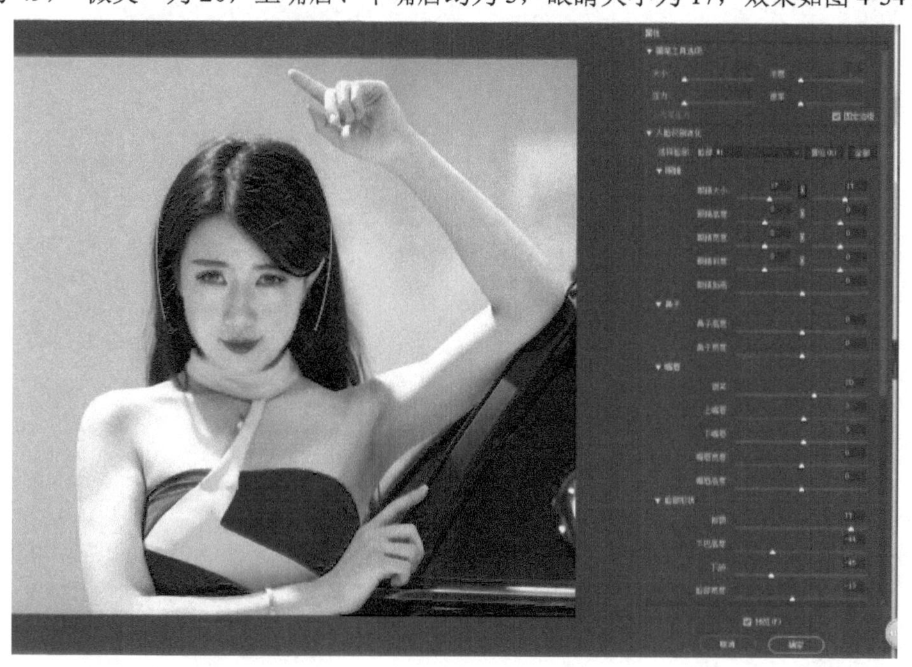

图 4-34

（7）执行“选择→选择并遮住”命令，利用“快速选择工具”，选择人物，注意要选择调整边缘画笔工具（R）选择头发，可以保留发梢。设置“平滑”数值为 45，“快速选择工具”的属性中选取“从选区减去” 的命令，去掉如图 4-35、图 4-36 的选区，单击“确定”按钮。

图 4-35 调整前右胳膊

图 4-36 调整后右胳膊

（8）如果人物没有完全抠好，双击图层“图层蒙版缩略图”，可以继续进行处理。抠好的人物如图 4-37 所示。

（9）利用“移动工具”将抠好的人物移到“青春飞扬”文件中，图层命名为“人物”，效果如图 4-38 所示。

图 4-37

图 4-38

3. 文字修饰

（1）隐藏图层“人物”，绘制椭圆选区，如图 4-39 所示，显示“人物”图层，按组合键“Ctrl+Shift+I”反选，按 Delete 键删除椭圆以外的部分。处理后效果如图 4-40 所示。

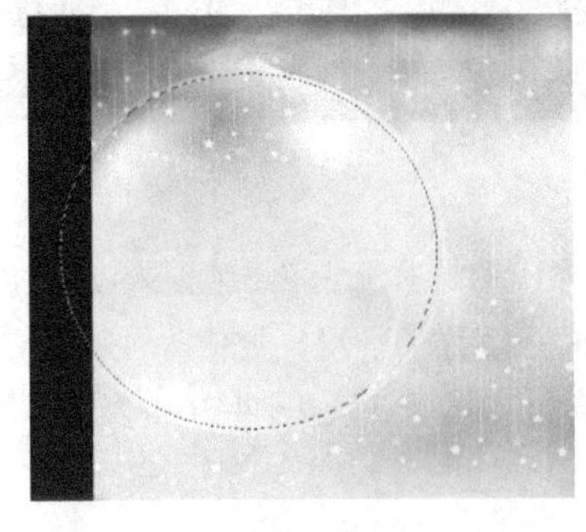

图 4-39

图 4-40

（2）选中“人物”图层并右击，在弹出的快捷菜单中选择“复制图层”命令，按组合键 Ctrl+T 将人物移到右上角，并适当缩小，执行“编辑”→“变换”→“水平翻转”命令，在图层面板中设置“不透明度”为 75%，效果如图 4-41 所示。

（3）选择“直排文字工具”，字体为“段宁毛笔行书”、字的大小为“110 点”，颜色 RGB 取值为 R：220、G：9、B：195，输入文字“不负青春”。

（4）继续设置字的大小为“100 点”，输入文字“闪耀你的光芒”，同时选中“不负青春”“闪耀你的光芒”文字图层并右击，在弹出的快捷菜单中选择“栅格化文字”命令，效果如图 4-42 所示。

图 4-41

图 4-42

（5）在文字图层的下方新建图层，名称为“文字特效”，使用“矩形选框工具”绘制选区，选区大小与文字区域一致，选择“渐变工具”，渐变方式为“线性渐变”，色彩为“色谱”填充七彩色，如图 4-43 所示。

（6）按住 Ctrl 键的同时单击“不负青春”图层，选中文字。在图层面板选择“文字特效”层，进行反选（或按组合键“Ctrl＋Shift＋I”命令），按 Delete 键删除。同时删除“不负青春”图层，效果如图 4-44 所示。

图 4-43

图 4-44

（7）在图层面板中分别选择“文字特效”和“闪耀你的光芒”图层，执行“编辑”→“描边”命令，打开“描边”对话框，设置宽度为“3 像素”、颜色为“白色”、位置为“居外”，单击“确定”按钮。单击图层面板底部按钮fx，在弹出的快捷菜单中选择“投影”选项，打开“图层样式”对话框，“投影”等高线为“半圆”，单击“确定”按钮，效果如图 4-45 所示。

（8）选择“画笔”工具，在属性栏中设置透明度为 42%，大小为 70，柔边圆。选中“人物”图层和“人物复制”图层中的“图层蒙版缩略图”进行涂抹边缘。最终效果如图 4-46 所示。

图 4-45

图 4-46

知识拓展

滤镜是一种特殊的图像效果处理技术，是为了丰富照片的图像效果，通过一定的程序算法，对图像中像素的颜色、亮度、饱和度、对比度、色调、分布排列等属性进行计算和变换处理，从而使图像产生特殊效果的技术。所有的 Photoshop 滤镜都分类放置在“滤镜”菜单中，如图 4-47 所示。

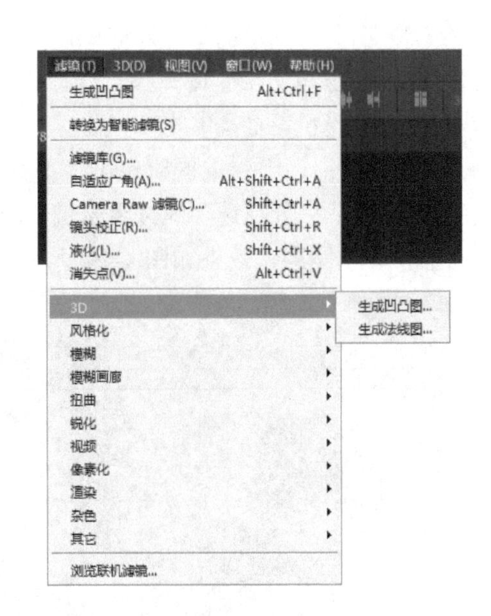

图 4-47

1. 滤镜的使用技巧

（1）在处理的图像有选区的时候，Photoshop 只对选区应用滤镜，如果没有选区，只对当前图层或通道起作用。

（2）滤镜在处理图像时以像素为单位，所以处理图像的效果与图像的分辨率有关。

（3）所有的滤镜都可以处理 RGB 模式下的图像。在除 RGB 以外的其他色彩模式之下，只能使用部分滤镜。

（4）如果只对局部图像进行滤镜效果处理，可以为选区设定羽化值，使处理后的区域能自然地与原图像融合。

（5）滤镜菜单的第一行将自动记录最近一次滤镜操作，直接单击该项命令时可以快速地重复执行相同的滤镜命令。

2. 模糊滤镜组

模糊滤镜组可以柔化选区或图像，产生模糊的效果，包括 11 种滤镜，其子菜单如图 4-48 所示。

（1）表面模糊

“表面模糊”滤镜可以在保留图像边缘的同时模糊图像，用来创建特殊效果并消除杂色或粒度。“表面模糊”效果如图 4-49 所示。

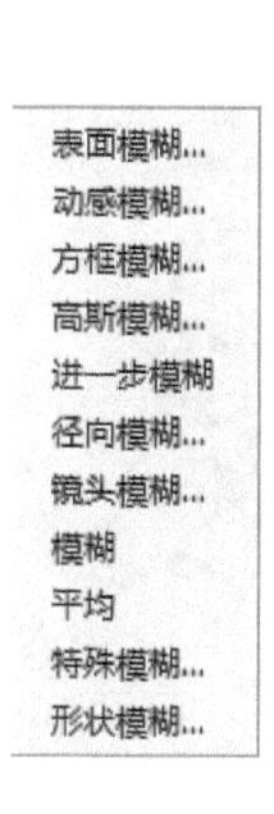

图 4-48

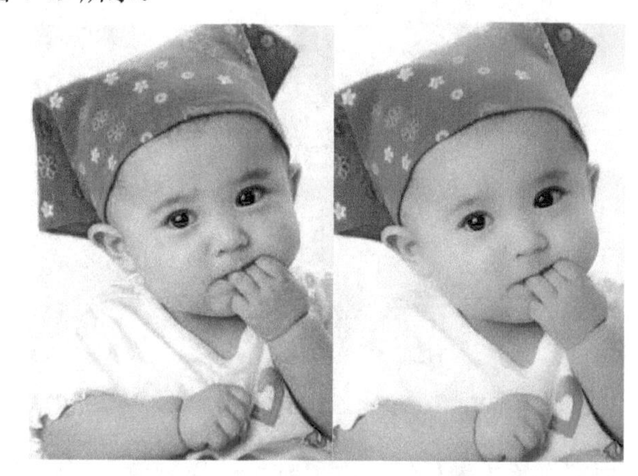

原图像　　表面模糊效果

图 4-49

半径：用于设置模糊区域取样的大小。

阈值：控制相邻像素色调值与中心像素相差多大时才能成为模糊的一部分。色调值差小于阈值的像素被排除在模糊之外。

（2）动感模糊

可使图像产生动态模糊的效果，模仿拍照曝光过程中运动或未拿稳相机的效果。对图像沿着指定的方向（-360°～+360°），以指定的强度（1～999）进行模糊，如图 4-50、图 4-51 所示。

角度：用来指定模糊的方向。

距离：用来指定模糊区域的大小。

（3）方框模糊

基于相邻像素的平均颜色值来模糊图像，效果类似于动感模糊，如图 4-52 所示。

（4）高斯模糊

向图像中添加低频细节，能明显地柔化图像中的相邻像素，去掉图像中的颗粒状效果，使图像产生一种朦胧的模糊效果，是常用的一种模糊滤镜，效果如图 4-53 所示。

图 4-50　原图像　　图 4-51　动感模糊效果　　图 4-52　方框模糊效果

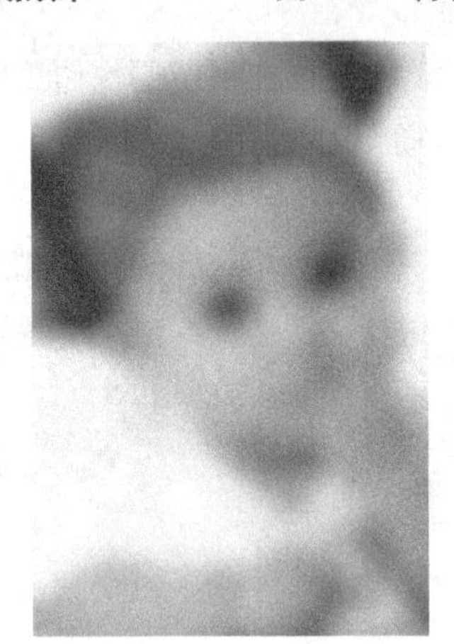

图 4-53　原图像、高斯模糊效果对比

半径：用来设置模糊程度，数值越大，模糊效果越明显。

（5）进一步模糊

用于消除图像中有明显颜色变化处的杂点，并通过平衡已定义的线条和遮蔽区域的清晰边缘旁边的像素，使变化显得柔和。

（6）径向模糊

用于模糊缩放或旋转相机时所产生的模糊，形成柔化的、辐射性的模糊效果。

（7）镜头模糊

在图像中添加模糊时，模糊效果取决于模糊的“源”位置。可结合通道或蒙版来创建景深效果，使某对象在焦点内，而使焦点处的区域模糊。

（8）模糊

产生轻微模糊效果，可消除图像中的杂色，如同在照相机的镜头前加入柔光镜所产生的效果。由于效果轻微，可根据具体需要重复应用。与“进一步模糊”同属轻微模糊滤镜，原理相同，只是模糊效果较弱。

（9）平均

查找图像或选区的平均颜色，使用该颜色填充图像或选区，从而创建平滑的外观效果。

（10）特殊模糊

用于精确地模糊图像，能找出图像的边缘并对边界线以内的区域进行模糊处理。有助于在保护图像边缘的情况下去除图像色调中的颗粒、杂色。

（11）形状模糊

可以用设置的形状来创建特殊的模糊效果。

3. 镜头校正滤镜

（1）打开方式

① 执行“滤镜”→“镜头校正”命令。

② 按组合键“Shift+Ctrl+R”，打开“镜头校正”对话框。

（2）工具说明（见图 4-54）。

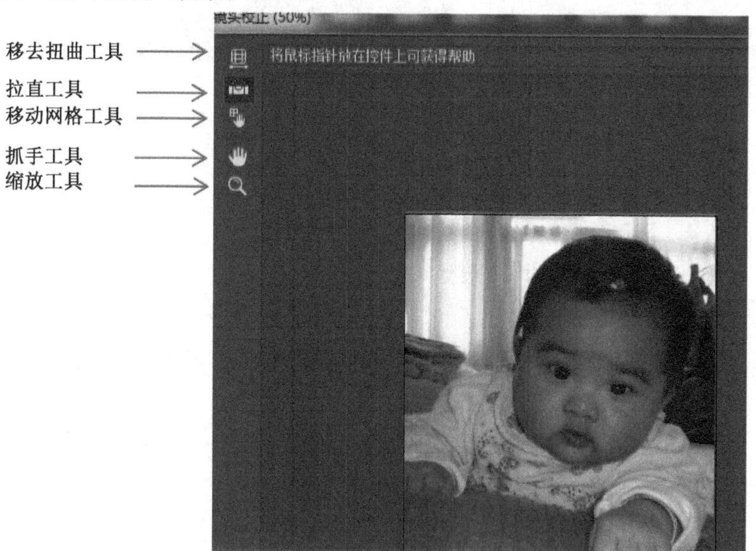

图 4-54

移去扭曲工具：向中心拖动或拖离中心校正失真，如图 4-55 所示。

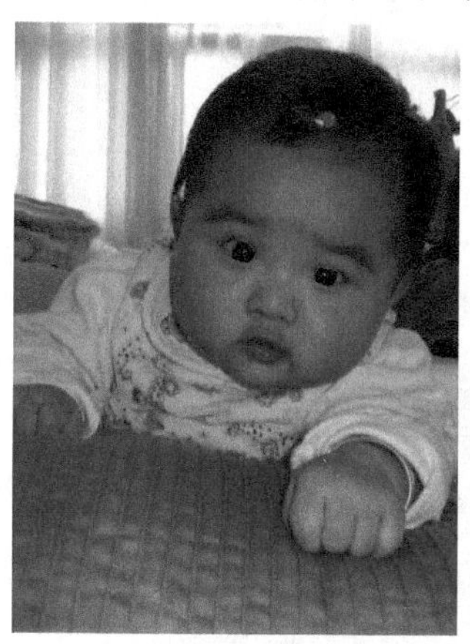

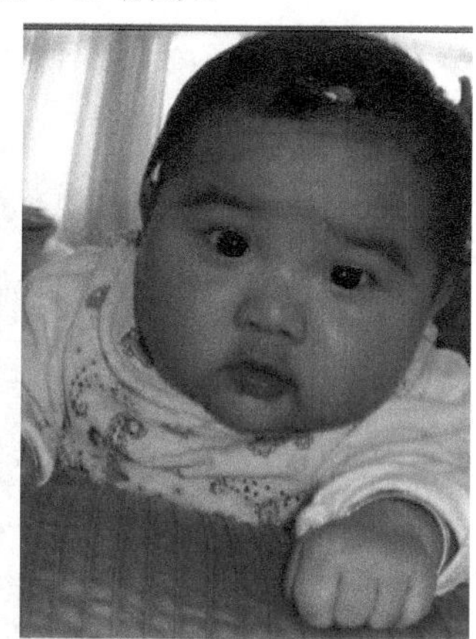

图 4-55　原图、向中心拖动、拖离中心

拉直工具：绘制一条线以便将图像拉直到新的横轴或纵轴，如图 4-56 所示。

图 4-56

移动网格工具：拖动，移动以对齐风格。

抓手工具：拖动，在窗口中移动图像。

缩放工具：单击或拖过要扩展的区域，按 Alt 键可缩小。

（3）选项卡参数设置

在“自动校正”选项卡“搜索条件”选项区域中，可以选择设置相机的品牌、型号和镜头型号，如图 4-57 所示。

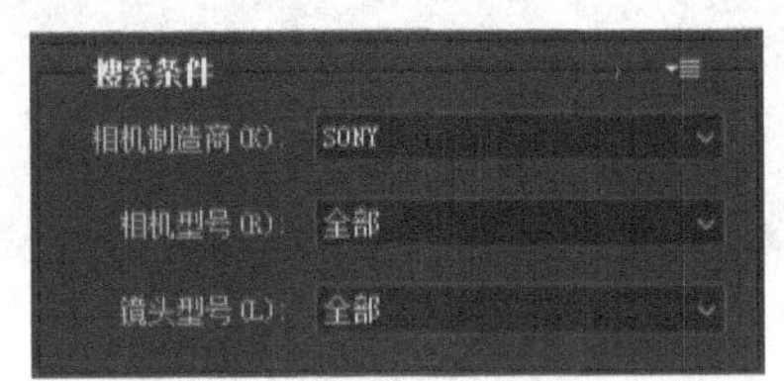

图 4-57

在“自动校正”选项栏中的选项变为可用状态时，如图 4-58 所示，选择需要自动校正的项目，自动校正图像。

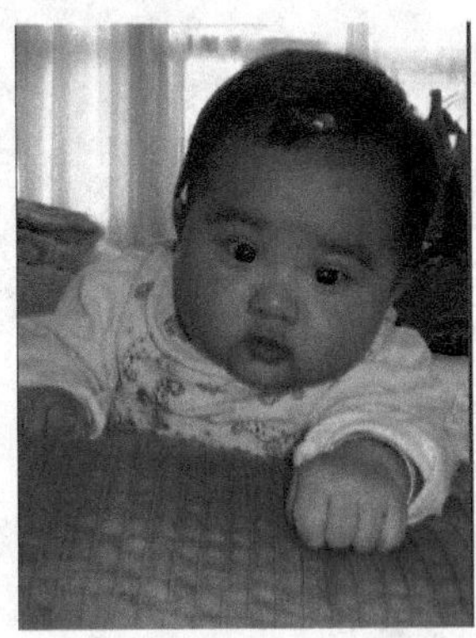

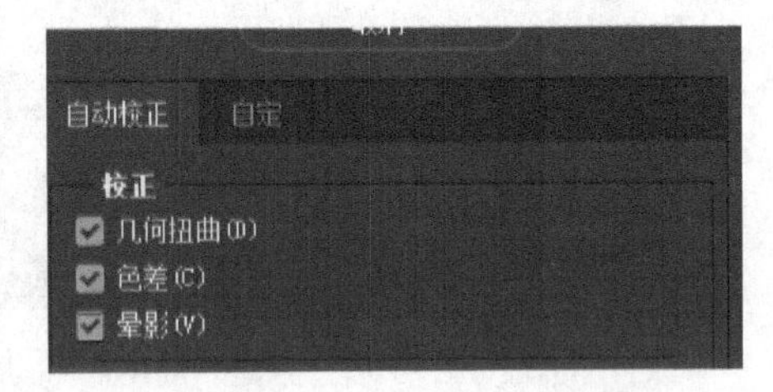

图 4-58　自动校正

4.3　课堂实训 3　打造诱人 S 曲线

在拍摄照片时，由于拍摄的角度、服装、造型或模特本身的原因，使得照片中人物的身体曲线达不到 S 形，此时可以使用液化工具、冻结蒙版功能打造“诱人的 S 曲线”效果。处理后效果如图 4-59 所示。

图 4-59　待美化的图片和处理后的效果

效果分析

使用“液化”命令中向前变形工具，并设置适当的参数，在人物身体的胸部、腰部、臀部等部位进行细致的美化，达到“诱人的 S 曲线”效果。

处理的位置周围元素较多，为了避免不相关的元素也发生形变，本例还利用蒙版功能冻结了该区域，便于更顺利地进行修饰。

注意事项：修饰人物身材时应注意身体的协调性和自然性，避免过度修饰，导致人物身形显得怪异。另外，在修饰过程中还要注意对周围环境的影响，避免出现明显的变形问题，否则会影响画面的美观。

操作步骤

Step 01　启动 Photoshop CC 2017，执行“文件”→“打开”命令，在素材文件中找到名为“夏天”的图片，按组合键“Ctrl+J”复制“背景”图层，得到“图层 1”，并将“图层 1”

命名为“夏天”，右击该图层，在弹出的快捷菜单中选择“转换为智能对象”命令。

Step 02 按“Ctrl+Shift+X”组合键或执行“滤镜”→“液化”命令，在弹出的对话框中显示全部的调整参数，如图 4-60 所示。

➲图 4-60

Step 03 分析人物周围的元素。在本例中，人物腰部两侧就是绿植，为了平滑地收缩腰部，应采用较大的画笔进行处理，但此时就容易使绿植变形，因此首先应该将该区域进行“锁定”，以免“液化”处理时对该区域产生影响。

Step 04 在左侧的工具箱中选择“冻结蒙版工具”，并在右侧“画笔工具选项”区域设置大小为 40、浓度为 100、压力为 100，然后在腰部右侧的绿植上进行涂抹，以将其冻结，默认情况下，被冻结的区域以红色显示，如图 4-61 所示。

图 4-61

Step 05 选择“向前变形工具”，并在右侧的“画笔工具选项”区域中设置大小为40、浓度为50、压力为100，然后在人物腰部位置进行收缩处理，涂抹方向按图4-62所示箭头操作。

图4-62

Step 06 修饰胸部，使用“膨胀工具（B）”，设置属性“画笔工具选项”中大小为27，对人物胸部进行适当放大。由于胸部上方与手臂靠得比较近，为了避免产生手臂变形的问题，使用“冻结蒙版工具”将手臂区域冻结，效果如图4-63所示。

图4-63

Step 07 修饰臀部。选择“冻结蒙版工具”，在腿部、腰部两侧的绿植上进行涂抹，将其冻结，使用“褶皱工具（S）”，对腰部、腹部、臀部、腿部进行适当的收缩。最终效果如图4-64所示。

图 4-64

4.4 课堂实训 4 满屏都是大长腿

有时候拍出的照片看起来腿短短的，显得身材不够修长，怎么办？可以使用变形工具创建“满屏都是大长腿”的效果，如图 4-65 所示。

图 4-65 待美化的图片和处理好的图片

在拍摄照片时，因拍摄角度、造型和模特本身的原因，使人物的腿显得不够修长，影响照片的美感，这时可使用“变形工具”“通过剪切的图层”等命令对人物腿部进行拉长和身材变瘦，打造“大长腿”效果。

知识储备

变换工具

调用方法：执行“编辑”→“变换”命令。

（1）缩放：将鼠标指针放到矩形框变换控制块上，按住左键拖动鼠标，可以沿不同方向任意缩放变换图像。按住 Shift 键的同时拖动 4 个角上的控制块则可以等比例缩放图像。

（2）旋转：将鼠标指针移动到矩形框的外部，待光标显示弧形双向箭头时按下鼠标左键拖曳，可以绕中心点旋转图像。若按住 Shift 键的同时旋转图像，则可以按 15° 角的倍数旋转图像。

（3）斜切：将鼠标指针移动到矩形框中间点的控制块上拖动，则图像以等高的平行四边形斜切，将鼠标指针移动到矩形框边角点控制块拖动，则以直角梯形变换图像；若拖动到相邻控制块的另一侧，则扭曲图像。

（4）扭曲：在扭曲状态下移动边或角的位置是自由斜切，在斜切中每次移动边和角都有方向的限制，而扭曲则没有方向的限制。

（5）透视：近的部分看起来较大，远的部分看起来较小，拖动一个控制点则在一条边上的两个点会互相影响。

（6）翻转：有垂直翻转和水平翻转两种形式。

垂直翻转：以经过中心点的水平线为翻转轴在垂直方向上翻转图像。

水平翻转：以经过中心点的垂直线为翻转轴在水平方向上翻转图像。

操作步骤

Step 01 执行“文件”→“打开”命令，打开素材图片“人物.jpg”，按组合键“Ctrl+J”复制“背景”，双击“背景 复制”，命名为“人物”，效果如图 4-66 所示。

图 4-66

Step 02 单击“矩形工具”，选择“人物”图层的下半身，用鼠标右击工作区人物，在弹出的快捷菜单中选择“通过剪切的图层”命令，隐藏图层“背景”“人物”，效果如图 4-67 所示。

图 4-67

Step 03 显示“人物”图层，用“矩形工具”选择图片的中间部分，用鼠标右击人物，在弹出的快捷菜单中选择“通过剪切的图层”命令。隐藏图层“背景”“人物”“图层 1”，效果如图 4-68 所示。

图 4-68

Step 04 显示“人物”，单击“图层 2”即中间部分的图层，利用“移动工具”把中间部分往上拉一小段距离，效果如图 4-69 所示。

图 4-69

Step 05 显示“图层”，单击下身部分的图层，选择“移动工具”，在属性栏中勾选“显示变换控件”选项，把下身部分往上拉，直至与中间部分吻合，底部向下拉至与底边保持齐平，如图 4-70 所示。

图 4-70

Step 06 按住 Ctrl 键的同时依次选择图层“人物”“图层 1”“图层 2”，在图层上用鼠标右击，在弹出的快捷菜单中选择“合并图层”命令，合并为一个图层，名称为“图层 1”。

Step 07 单击“矩形工具”，选择“图层 1”图层的中间部分，用鼠标右击工作区中的人物，在弹出的快捷菜单中选择“通过剪切的图层”命令。

Step 08 选择“移动工具”，在属性栏中勾选“显示变换控件”，选择的中间部分往里缩，效果如图 4-71 所示。

图 4-71

Step 09 利用“矩形选框工具”选择左侧内容，执行“移动工具”，选中“图层 1”，将左部分内容拉至与中间图层吻合。同时，将右部分的内容也拉至与到中间图层吻合，效果如图 4-72 所示。

图 4-72

Step 10 按住 Ctrl 键的同时选择“图层 1”“图层 2”，在图层上用鼠标右击，在弹出的快捷菜单中选择“合并图层”命令，合并为一个图层，名称为“图层 1”，如图 4-73 所示。

Step 11 选择“快速选择工具”的同时按住 Shift 键，选择两侧白色的区域，执行“编辑”→“填充（L）”命令，打开“填充”对话框，如图 4-74 所示，设置“内容”参数为“内容识别”，单击“确定”按钮。最终效果如图 4-74 所示。

图 4-73

图 4-74

4.5　拓展实训

1. 根据本章所学的液化、镜头校正知识，把如图 4-75 所示的实例 2 素材，制作成如图 4-76 所示的效果。

图 4-75

图 4-76

操作要点

使用“脸部工具”调整脸型、嘴型、鼻子、眼睛；“曲线”去掉脖子的阴影部分；“污点修复画笔工具”去掉鼻子底下的阴影；“镜头校正”校正人物的扭曲及利用“椭圆选框工具”对人物添加腮红等操作将图像中的人物打造成时尚女孩。

2. 根据所学液化、蒙版知识，把如图 4-77 所示的实例 2 素材，制作成如图 4-78 所示的 S 曲线、图 4-79 所示的换装、图 4-80 所示的花园少女的效果。

图 4-77

图 4-78

图 4-79

图 4-80

操作要点

使用“液化工具”修饰胸部、褶皱及腰腹部，调整脸型、嘴型、鼻子、眼睛；用“曲线”工具调整肤色；利用“剪切蒙版”等工具为少女换装；通过“Camera Raw 滤镜下的变换工具”中水平、垂直、旋转等参数及“图层蒙版”命令将人物由斜站变为直立，营造花园少女形象。

课后习题 4

1．双击“以快速蒙版模式编辑”按钮将会（　　）。

A．创建一个默认的快速蒙版

B．打开“快速蒙版”选项对话框

C．切换到标准模式编辑

D．关闭快速蒙版

2．在图层蒙版中，选区包围的区域显示为（　　）。

A．黑色　　B．白色

C．灰色　　D．半透明红色

3．执行“图层”→“图层蒙版”命令创建蒙版时可以选择（　　）。

A．显示全部　　B．隐藏全部

C．显示选区　　D．以上均正确

4．快速蒙版被创建后，用黑色的画笔工具进行绘画，将会（　　）。

A．使蒙版的区域扩大　　B．使蒙版的区域缩小

C．创建透明的区域　　D．对蒙版没有任何影响

5．在以下图层中，不能创建图层蒙版的是（　　）。

A．普通层　　B．背景层

C．文本层　　D．形状层

第5章 照片色调调整

5.1 课堂实训1 修正曝光偏差照片

不管是旅游、毕业、聚会还是成长过程，都希望用照片记录下生活的点点滴滴，留住美好的记忆。但在拍摄时，由于人的摄像水平、天气、场景等因素，可能会造成数码照片出现曝光不足、曝光过度等问题，这就需要通过 Photoshop CC 进行调整。

本节将对如图 5-1 和图 5-2 所示的图片进行调整。

图 5-1

图 5-2

图 5-1 中左侧的图像色彩暗淡，明显曝光不足。因此需要运用色阶和阴影/高光等命令为其补光，调整到如图 5-1 右侧所示的效果。

图 5-2 中左侧的图像过亮，色彩不鲜艳，明显是曝光过度。因此需要运用色阶和色彩平衡等命令进行调整，调整到图 5-2 中右侧所示的效果。

要想调出理想的效果，必须掌握 Photoshop CC 中的“色阶”“曲线”“阴影/高光”和“色彩平衡”等命令的应用方法和操作技巧。

知识储备

在 Photoshop 中，色彩调整是必不可少的，它是 Photoshop 雄踞其他图形处理软件之上的一项看家本领，下面介绍一下常用的色彩调整命令。

1.“色阶”命令

色阶属于 Photoshop 的基础调整工具。什么是色阶呢？通俗地讲，色阶就是影响和形成一幅图片色调、影调的阶梯，主要有暗部、中间调和亮部 3 大阶梯。

执行“图像”→“调整”→“色阶”命令（组合键“Ctrl+L”），可以打开“色阶”对话框，如图 5-3 所示。

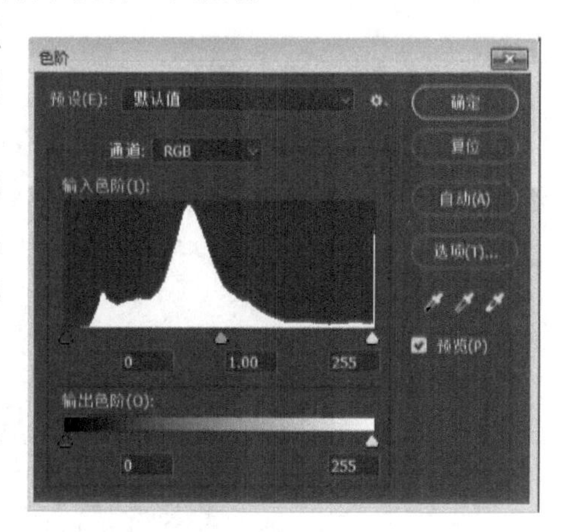

图 5-3

把黑三角（暗部区域）向右移动，PS 会把移动后三角所在位置的左侧像素作为“0”的数值（也就是黑色）；把白三角（亮部区域）向左移动，PS 会把移动后三角所在位置的右侧像素作为“255”的数值（也就是白色）。

因此，黑、白两个三角越往中间移动，明暗对比越强烈，不过画面的细节（层次）会损失越大，所以不能大范围地进行调整，除非想要的就是这种强烈的对比度。调整中间色调的灰色三角是调整中间色调，一般不会对亮部和暗部影响很大，所以调整灰三角的方法用得比较多。

2.“曲线”命令

使用“曲线”命令是 PS 的一种基本调色方法，能准确地把控图片细节的颜色，是一个非常好用的颜色调整工具。执行“图像”→“调整”→“曲线”命令（组合键“Ctrl+M”），可以打开“曲线”对话框，如图 5-4 所示。

图 5-4 中，1 为通道，通道有 RGB 模式、红通道、绿通道和蓝通道；2 用于调节亮部的强度；3 用于调整中间调的强度；4 用于调整暗部的强度。可以在曲线上增加多个调节点进行调节，该线条向左和向上移动，图像变亮/增强，向右和向下移动，图像变暗/减弱。

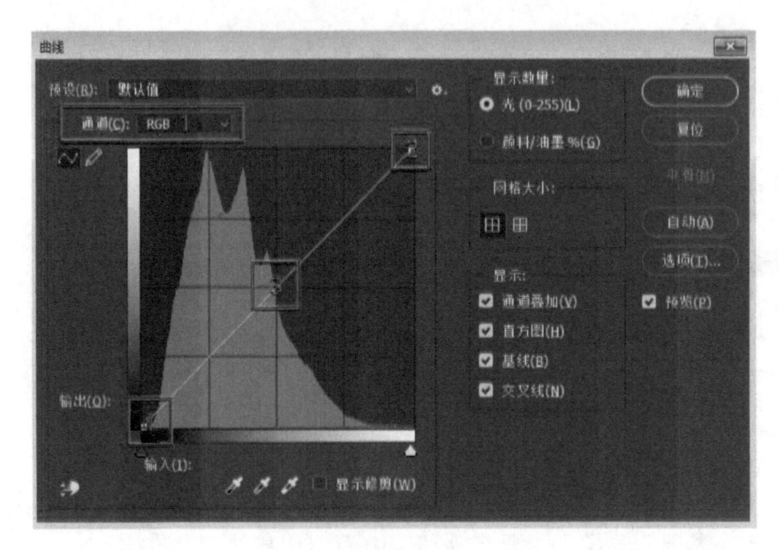

图 5-4

3. “色彩平衡”命令

由于曝光过度或曝光不足，有些图像的某些区域会产生瑕疵，利用“阴影/高光”功能可以轻松地改善缺陷图像的对比度，同时保持照片的整体平衡，使图像更加完美。

执行“图像”→“调整”→“阴影/高光”命令，可以打开“阴影/高光”对话框，勾选“显示更多选项”，如图 5-5 所示。

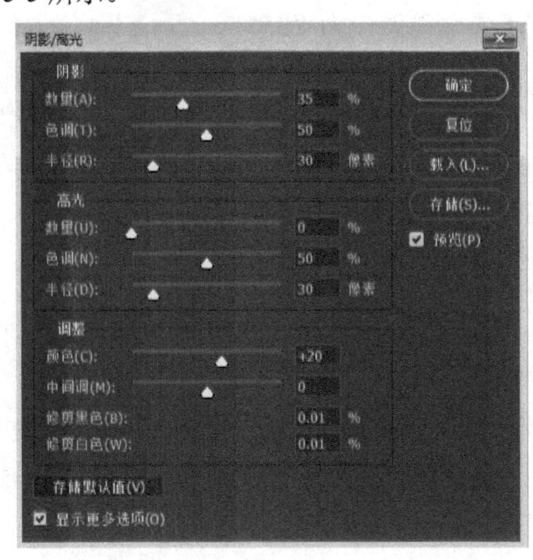

图 5-5

（1）阴影

数量：设置阴影变亮的程度。

色调：控制阴影色调的修改范围。

半径：控制每个像素周围相邻像素的大小。

（2）高光

数量：设置高光变暗的程度。

色调：控制高光色调的修改范围。

半径：控制每个像素周围相邻像素的大小。

（3）调整

颜色：在更改区域微调颜色。

中间调：调整中间调中的对比度。

修剪黑色（修剪白色）：值越大，生成的图像的对比度越大。

4. “阴影/高光”命令

色彩平衡是 PS 图像处理中的一个重要环节，可以用于校正图片偏色，也可以根据自己的喜好进行调整。执行“图像”→“调整”→“色彩平衡”命令（组合键“Ctrl+B”），可以打开“色彩平衡”对话框，如图 5-6 所示。

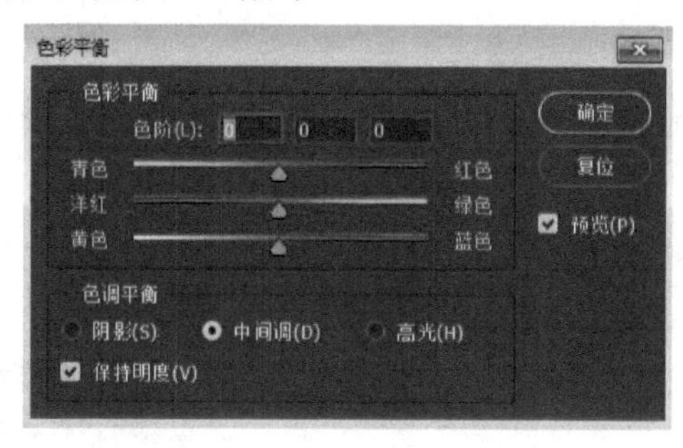

图 5-6

图 5-6 中有 3 个滑块，用来控制各主要色彩的变化；通过 3 个单选按钮，可以选择“阴影”“中间调”和“高光”来对图像的不同部分进行调整；选中“预览”复选框可以在调整的同时随时观看生成的效果；选择“保持明度”复选框，则图像像素的亮度值不变，只有颜色值发生变化。

操作步骤

以上介绍了 Photoshop CC 中调整色彩的相关知识，下面通过调整“曝光不足”和“曝光过度”两个实例，对以上所学知识进行巩固练习。

1. 曝光不足

（1）打开本章素材“图 1.jpg”，按组合键“Ctrl+J”复制形成新的图层，如图 5-7 所示。

（2）选择图层 1，执行“图像”→“调整”→“色阶”命令（组合键“Ctrl+L”），打开“色阶”对话框，参数设定如图 5-8 所示。

图 5-7

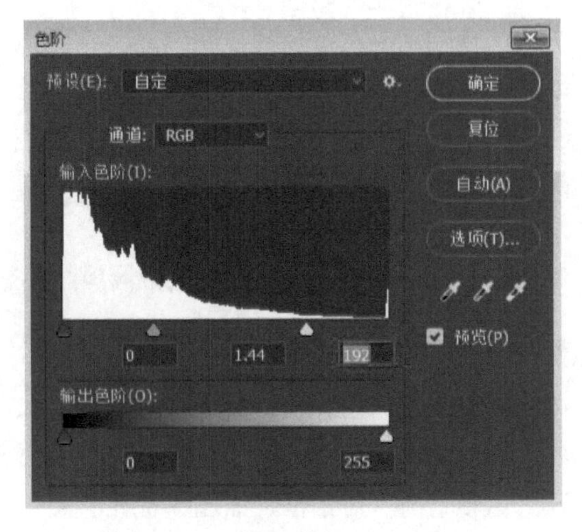

图 5-8

（3）执行“图像”→“调整”→“阴影/高光”命令，打开“阴影/高光”对话框，参数设定如图 5-9 所示。

（4）处理后的图像如图 5-10 所示，执行“文件”→“存储”命令（组合键“Ctrl+S”），将文件保存为“曝光不足调整.psd”文件。

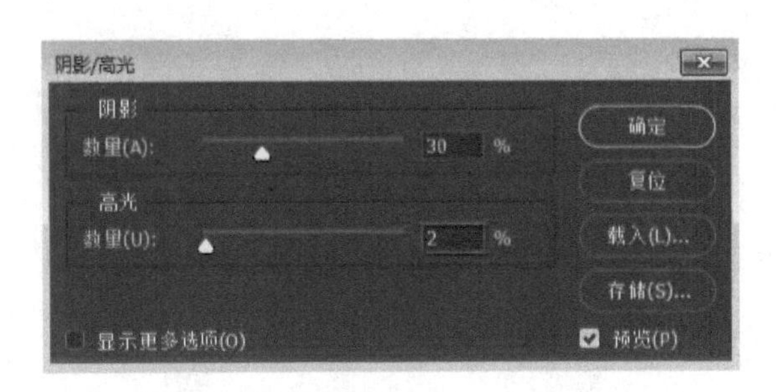

图 5-9

图 5-10

2. 曝光过度

（1）打开本章素材“图 2.jpg”，按组合建“Ctrl+J”复制形成新的图层，如图 5-11 所示。

（2）选择图层 1，执行“图像”→“调整”→“色阶”命令（组合键“Ctrl+L”），打开“色阶”对话框，参数设定如图 5-12 所示。

图 5-11

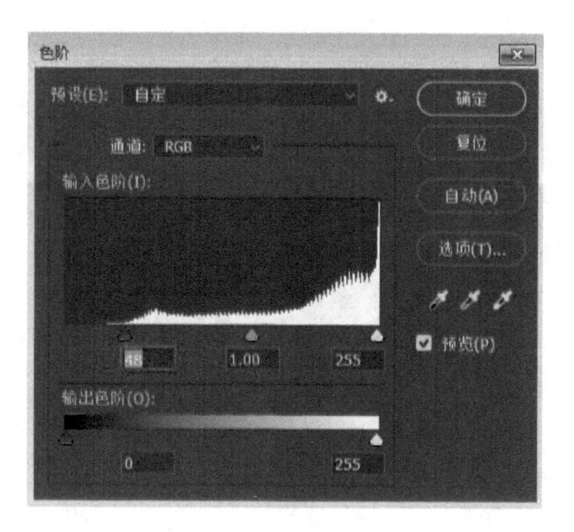

图 5-12

（3）执行“图像”→“调整”→“曝光度”命令，打开“曝光度”对话框，参数设定如图 5-13 所示。

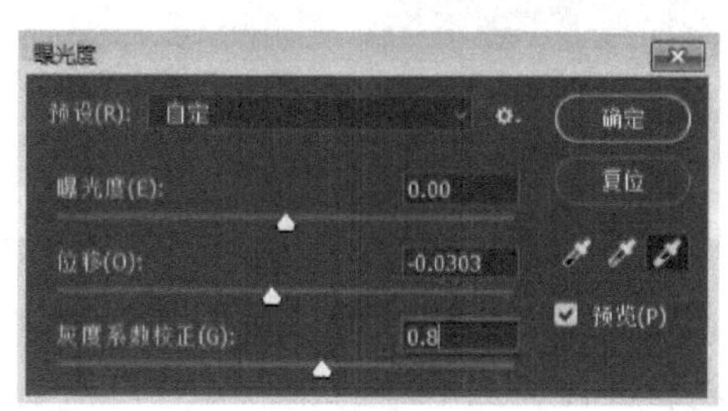

图 5-13

（4）执行“图像”→“调整”→“色彩平衡”命令（组合键“Ctrl+B”），打开“色彩平衡”对话框，选中“阴影”按钮，参数设定如图 5-14 所示；选中“中间调”按钮，设定参数如图 5-15 所示；选中“高光”按钮，参数设定如图 5-16 所示。

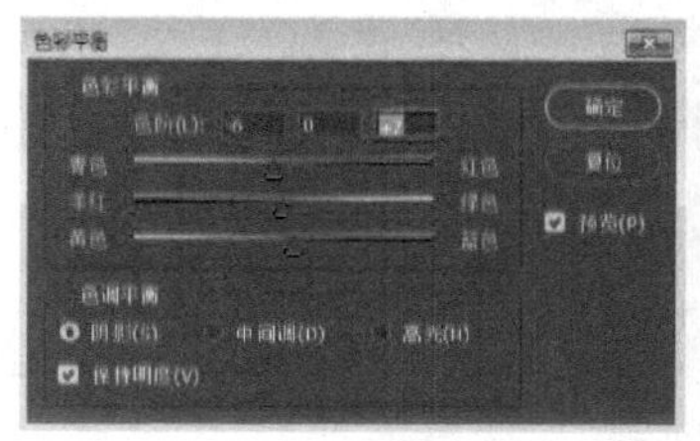

图 5-14

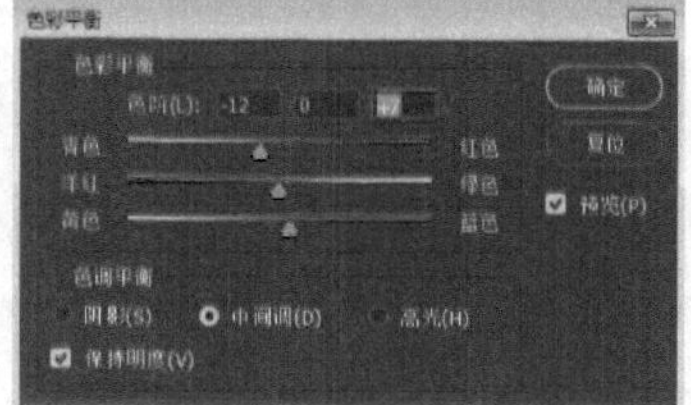

图 5-15

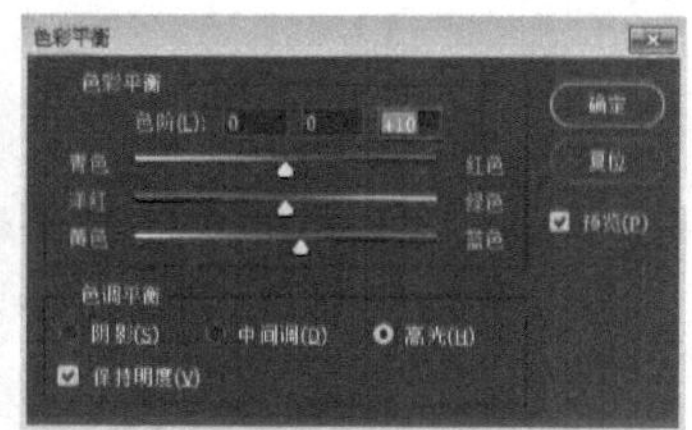

图 5-16

（5）执行“图像”→“调整”→“亮度/对比度”命令，打开“亮度/对比度”对话框，参数设定如图 5-17 所示。

（6）处理后的图像效果如图 5-18 所示，执行“文件”→“存储”命令（组合键“Ctrl+S”），将文件保存为“曝光过度调整.psd”文件。

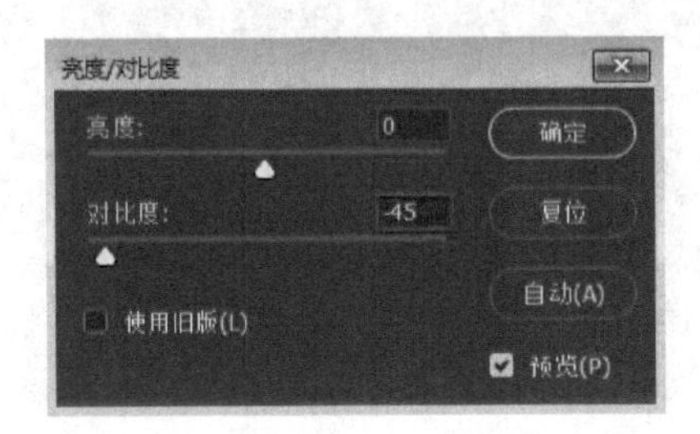

图 5-17

图 5-18

5.2 课堂实训 2 矫正偏色照片

任务描述

拍摄数码照片时，可能因为各种原因，导致数码照片产生偏色现象，这就需要利用 Photoshop 强大的调色功能将其恢复为原本的颜色或者设计成需要的色彩。本例将如图 5-19 所示的图片进行调整。

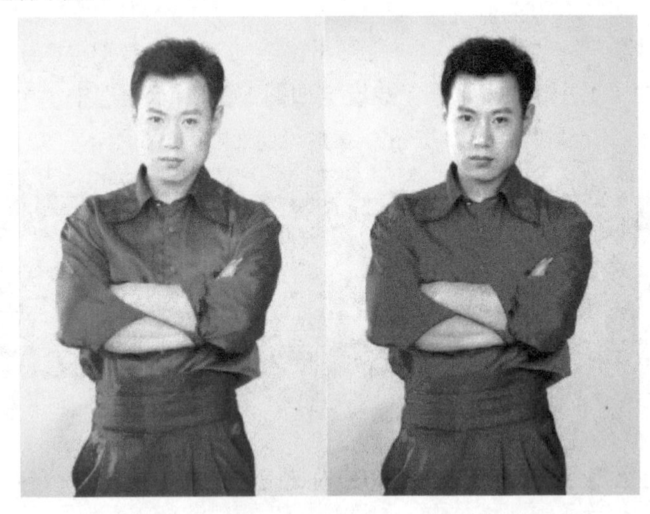

图 5-19

效果分析

图 5-19 侧的图像比较暗，颜色偏黄。因此需要运用 PS 强大的调色功能进行调整，完成效果如图 5-19 的右侧所示。

要想调出如图 5-19 右侧所示的效果，就必须掌握 Photoshop CC 中的“色彩平衡”以及“亮度/对比度”等命令的应用方法和操作技巧。

知识储备

下面介绍一下“亮度/对比度”“色相/饱和度”命令。

1. “亮度/对比度”命令

“亮度/对比度”命令可以对图像的亮度和对比度进行直接的调整，使用此命令调整图像颜色时，将对图像中所有的像素进行相同程度的调整，从而容易导致损失图像细节，所以在使用此命令时要防止过度调整图像。

图 5-20

执行“图像”→“调整”→“亮度/对比度”命令，可以打开“亮度/对比度”对话框，如图 5-20 所示。

亮度：亮度是人对光的强度的感受程度，是图像的明亮程度。

对比度：对比度指的是一幅图像中，明暗区域中最亮的白色和最暗的黑色之间的差异程度。

2. “色相/饱和度”命令

“色相/饱和度”命令是较为常用的色彩调整命令，在运用 Photoshop 时占有重要的地位。执行“图像”→“调整”→“色相/饱和度”命令（组合键“Ctrl+U”），可以打开“色相/饱和度”对话框，如图 5-21 所示。

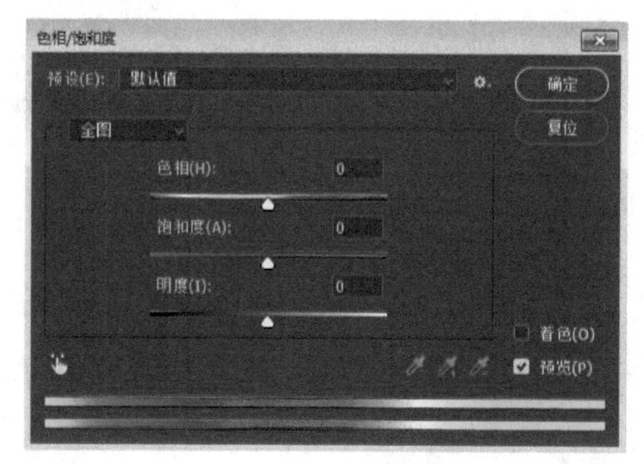

图 5-21

全图：下拉列表包括全图，以及红色、绿色、蓝色、青色、洋红色和黄色6种颜色，可选择一种颜色单独调整，也可以选择“全图”选项，对图像中的所有颜色进行整体调整。

色相：指颜色的品相，如红、黄、青、蓝等。

饱和度：指颜色的饱和程度，也就是图像中的颜色的鲜艳程度。

明度：指图像的明暗程度，明度最高的是白色，最低的是黑色。

小提示

进行色彩调整时，每种工具使用时调整的幅度一般不要太大，否则会引起失真，影响照片的质量，调图时可以采用多种方法实现，需要长时间反复练习、多总结才能提高，尽量不要照搬教程。

操作步骤

色彩调整的方法有很多，下面通过实例对以上所学知识进行巩固练习。

1. 调整偏色

（1）打开本章素材“图3.jpg”，按组合键“Ctrl+J”复制形成新的图层，如图5-22所示。

（2）选择图层1，按下组合键“Ctrl+B”打开“色彩平衡”对话框，参数设定如图5-23所示。

图 5-22

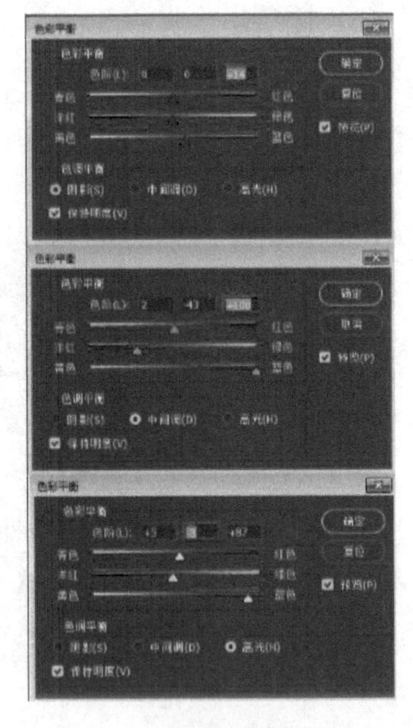

图 5-23

（3）执行“图像”→“调整”→“亮度/对比度”命令，打开“亮度/对比度”对话框，参数设定如图 5-24 所示。

（4）处理后的图像如图 5-25 所示，执行“文件”→“存储”命令（组合键“Ctrl+S”），将文件保存为“偏色调整.psd”文件。

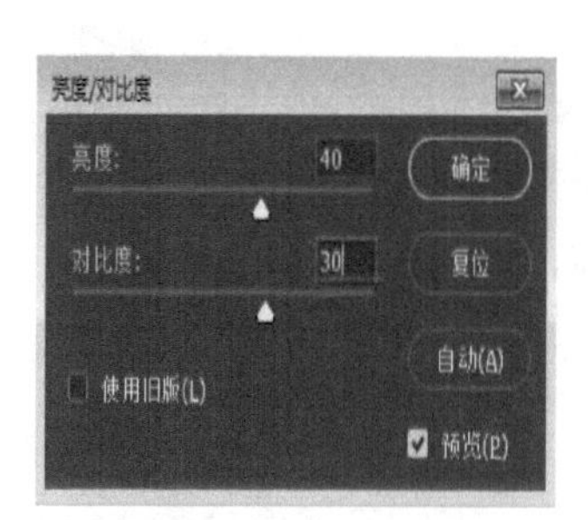

图 5-24

图 5-25

2. 更换颜色

紧接着上面的实例，执行“图像”→“调整”→“色相/饱和度”命令（组合键“Ctrl+U”），打开“色相/饱和度”对话框，选择“黄色”，参数设置如图 5-26 所示，可以更改图像的背景色，如图 5-27 所示。

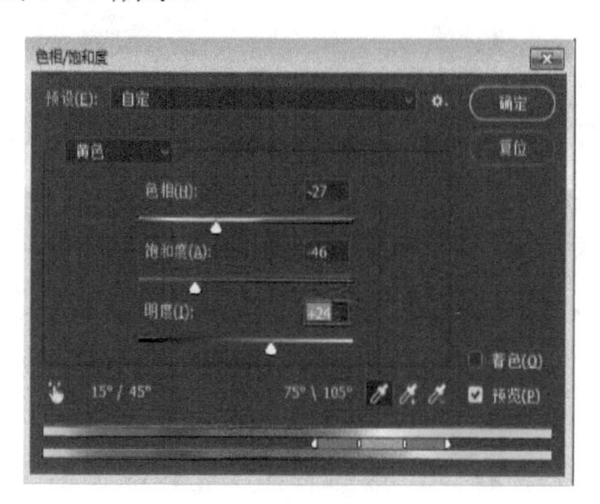

图 5-26

图 5-27

5.3　课堂实训 3　美白牙齿

任务描述

刚拍完的照片很漂亮，可是这一露齿，黄黄的牙齿在画面中可真是显眼啊！能不能拥有广告中明星一般的闪亮牙齿呢？本节介绍使用 Photoshop 美白牙齿的办法，如图 5-28 所示。

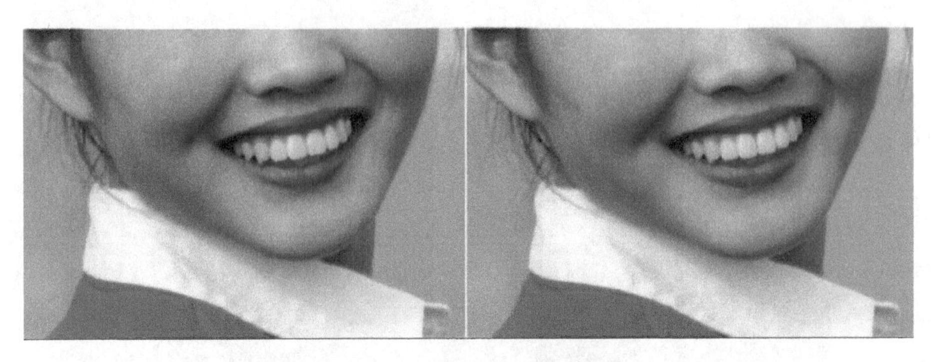

图 5-28　牙齿美白前后对比图

效果分析

图 5-28 所示左侧的人物笑容甜美，可牙齿偏黄，影响了图像的整体美感。运用 PS 强大的调色功能可对牙齿选择进行调整，效果如图 5-28 右侧所示。

目前，有很多种方法可以调出如图 5-29 右侧所示的效果，本节利用 Photoshop CC 中的“可选颜色”和“曲线”命令对黄牙加以美白。

知识储备

1. 色相轮原理

图像中的所有颜色组成都离不开颜色的组合原理，色彩搭配原理的指南针就是色相轮，如图 5-29 所示。

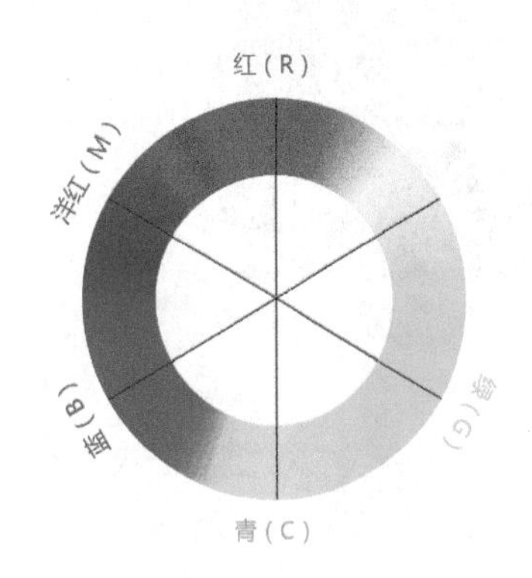

图 5-29　色相轮

在色相轮上，相对的两个颜色组成互补色，红色与青色为互补色，蓝色与黄色为互补色，绿色与洋红色为互补色。相邻的为相邻色，如红色和洋红色、黄色为相邻色，蓝色和青色、洋红色为相邻色。

如果图像中某一颜色不够纯、艳，就减少它的对比色成分，增加它的相邻色成分。比如想要增加红色，可以减少红色的互补色——青色，增加洋红色和黄色。再比如想要蓝色更通透，就减少蓝色中的黄色，或增加青色或洋红色。

2.“可选颜色”命令

“可选颜色”命令是对 RGB、CMYK 和灰度等色彩模式的图像进行分通道的颜色调节，以此来校正图像颜色的平衡。执行“图像”→“调整”→“可选颜色”命令，打开“可选颜色”对话框，如图 5-30 所示。

（1）颜色：在下拉列表中有红色、黄色、绿色、青色、蓝色、洋红色、白色、中性色、黑色 9 个颜色通道，选择所要调整的颜色通道，然后拖动下面的颜色滑块来改变颜色的组成。

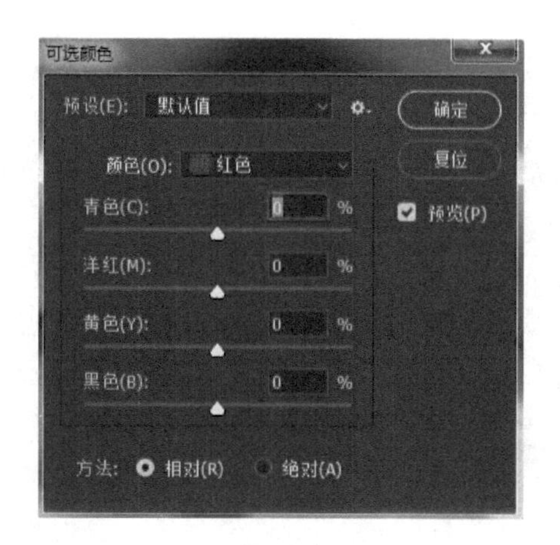

图 5-30

（2）相对：选中后，调整图像时将按图像总量的百分比来更改现有的青色、洋红色、黄色或黑色。

（3）绝对：调整图像时将按绝对的调整值来设定图像颜色中增加或减少的百分比数值。

操作步骤

根据上面所学知识，利用“可选颜色”命令和“曲线”命令美白牙齿。

Step 01 打开本章素材“图 4.jpg”，按组合键“Ctrl+J”复制形成新的图层，如图 5-31 所示。

Step 02 利用“套索工具”选中牙齿，按组合键“Shift+F6”打开“羽化选区”对话框，设定羽化半径为 10，效果如图 5-32 所示。

图 5-31

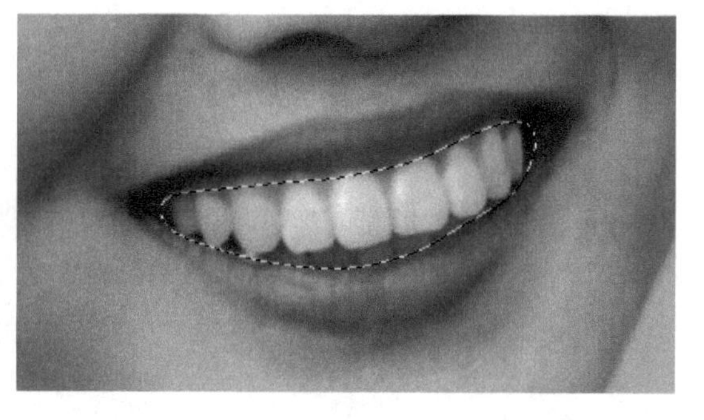

图 5-32

Step 03 执行“图像”→“调整”→“可选颜色”命令，打开“可选颜色”对话框，去除黄色，选择“黄色”通道，设定参数如图 5-33 所示。

Step 04 按组合键“Ctrl+M”打开“曲线”对话框，微调参数，参数设定如图 5-34 所示，使牙齿更加明亮光白。

Step 05 按组合键“Ctrl+D”取消选择，处理后的图像效果如图 5-35 所示，执行“文件”→“存储”命令（组合键“Ctrl+S”），将文件保存为“美白牙齿.psd”文件。

图 5-33

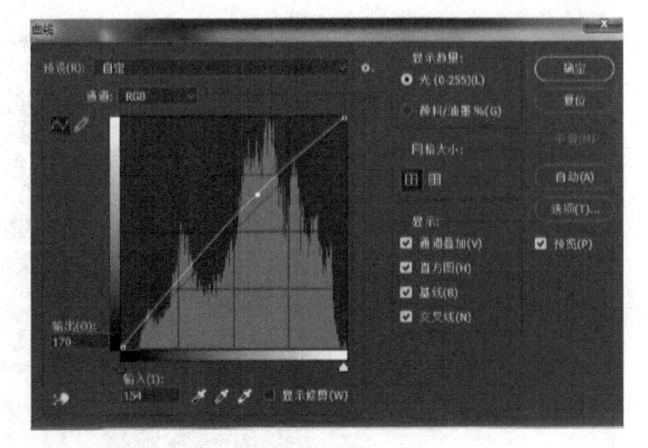

图 5-34

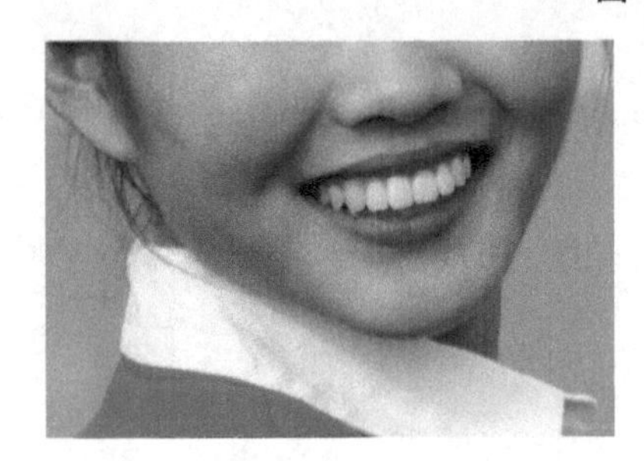

图 5-35　美白牙齿效果图

5.4　课堂实训 4　打造特殊色彩艺术效果

任务描述

平时自己拍出的照片可能由于设备低端或者摄影水平不高，达不到自己想要的效果，那么能不能通过处理达到大师级的摄影效果呢？本节学习使用 Photoshop 匹配颜色及替换颜色等命令，打造一幅特殊艺术效果的照片，如图 5-36 所示。

图 5-36

效果分析

图 5-36 右侧所示的图像颜色更加饱满，色彩更加艳丽，巧妙地运用“匹配颜色”和“替换颜色”命令可以快速地调出这种色调。

知识储备

下面就学习一下“亮度/对比度”“色相/饱和度”命令。

1.“去色”命令

使用“去色”命令可以去掉图像中的所有颜色值，并将其转换为相同色彩模式的灰度图像，组合键是“Ctrl+Shift+U”。执行去色命令后效果如图 5-37 所示。

图 5-37

2.“匹配颜色”命令

使用“匹配颜色”命令，可以将一个图像文件的颜色与另一个图像文件的颜色相匹配，从而使这两张色调不同的图像自动调节成为统一协调的颜色。执行“图像”→“调整”→“匹配颜色”命令，弹出如图 5-38 所示对话框。

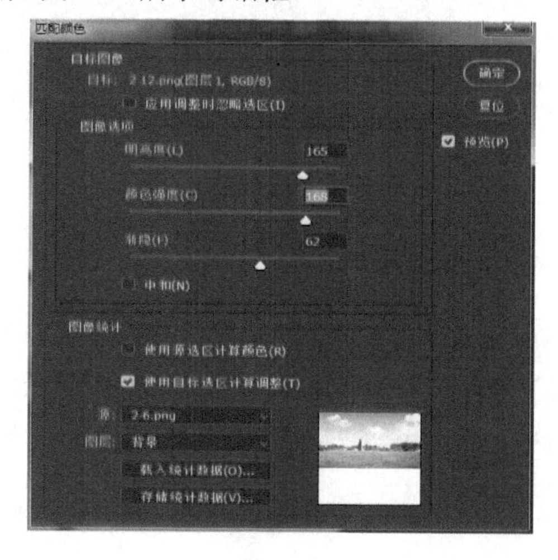

图 5-38

匹配颜色设置如下：

（1）目标图像：当前选中的图片的名称、图层及颜色模式。

（2）图像选项：可以通过对“亮度”“颜色强度”“渐隐”选项来调整颜色匹配的效果。

① “亮度”可以增加或减少目标图层的亮度，最大值是200，最小值是1。

② “颜色强度”可以调整目标图层中颜色像素值的范围，最大值是200，最小值是1。

③ “渐隐”可以控制应用于图像的调整量。

（3）中和：可以使源文件和将要进行匹配的目标文件的颜色进行自动混合，产生更加丰富的混合色。

（4）图像统计：如果在源文件中建立选区并希望使用选区中的颜色进行匹配，选中“使用源选区计算颜色”选项。

（5）源：在下拉列表中选择需要进行匹配的文件。

3.“替换颜色”命令

“替换颜色”命令能够将图像全部或选定部分的颜色用指定的颜色进行替换。执行“图像”→“调整”→“替换颜色”命令，弹出如图5-39所示对话框。

图5-39

（1）吸管工具：在图像中吸取需要替换颜色的区域，并确定需要替换的颜色，可以连续地吸取颜色。

（2）颜色容差：选定颜色的选取范围，值越大，选取颜色的范围越大。

（3）替换：通过对色相、饱和度和明度的调整来进行图像颜色的替换。

（4）结果：单击该选项，在弹出的“拾色器”对话框中可以选择一种颜色作为替换色，从而精确控制颜色的变化。

操作步骤

根据上面所学知识，利用“匹配颜色”命令和“可选颜色”命令就可以制作特殊效果的照片。

Step 01 打开本章素材“图 5.jpg”，按组合键“Ctrl+J”复制形成新的图层，执行“图像”→“调整”→“去色”命令（组合键“Ctrl+Shift+U”），如图 5-40 所示。

Step 02 对去色后的图片执行“滤镜”→“其他”→“高反差保留”命令，设置半径为 10 像素，确定后把图层混合模式改为“叠加”，目的是加强照片的对比度，效果如图 5-41 所示。

图 5-40

图 5-41

Step 03 单击图层调板下面的“新建图层”按钮，得到图层 2，按组合键“Ctrl+Shift+Alt+E”盖印图层，即把之前的图层合并在新的图层上。

Step 04 执行“文件”→“打开”命令（组合键“Ctrl+O”），打开素材“6.jpg”。

Step 05 对素材 5 执行“图像”→“调整”→“匹配颜色”命令，打开“匹配颜色”对话框，参数设置如图 5-42 所示，确定后得到如图 5-43 所示照片。

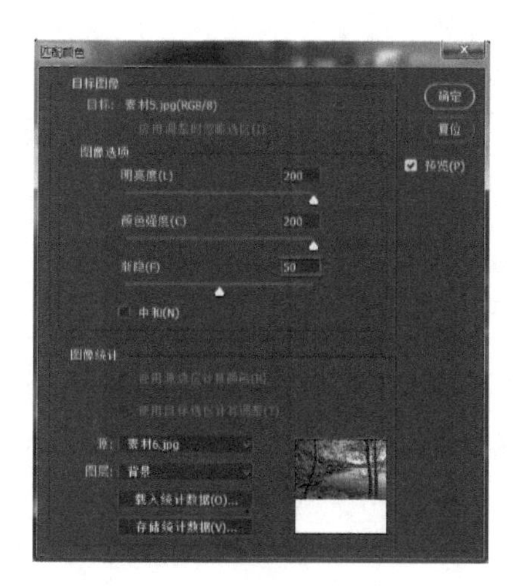

图 5-42

图 5-43

Step 06 新建图层 3，按组合键“Ctrl+Shift+Alt+E”盖印图层，选择橙色的衣装，如图 5-44 所示。执行“图像”→“调整”→“替换颜色”命令，参数设定如图 5-45 所示。

图 5-44

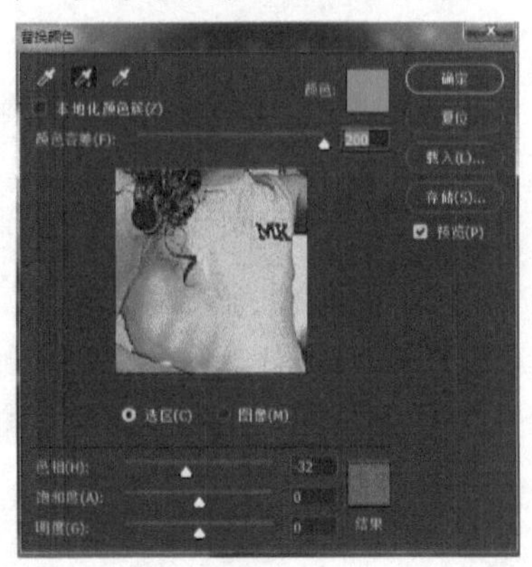

图 5-45

Step 07 确定后就将橙色的衣服更换为红色的衣服了，如图 5-46 所示，将文件保存为“打造特殊艺术效果.psd”。

图 5-46

5.5 课堂实训 5 通道混合器调色

任务描述

不同的色彩给人以不同的感觉，如何调整照片的色彩使之产生不一样的效果，PS 提供了很多种调节色彩的方法，本节就来介绍使用通道混合器调色的方法，如图 5-47 所示。

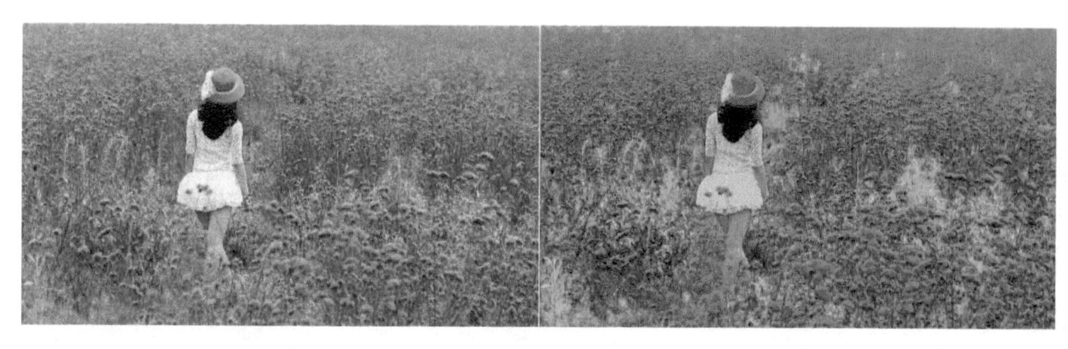

图 5-47

效果分析

图 5-47 左侧所示的图像给人以梦幻悠远的感觉，运用 PS 强大的调色功能调整成图 5-47 右侧所示的图像，则让人感觉到热烈愉悦。

要想调出如图 5-47 所示的效果，先来学习一下 Photoshop CC 中的“通道混合器”及“渐变映射”等命令的应用方法和操作技巧。

知识储备

下面一起学习一下“通道混合器”“渐变映射”命令。

1. 通道混合器

“通道混合器”是图像处理中的一种关于色彩调整的命令，可以将图像中的颜色通道相互混合，起到对目标颜色通道进行调整和修复的作用。该命令只能用于 RGB 和 CMYK 颜色模式的图像。单击“图像”→“调整”→“通道混合器”命令，弹出如图 5-48 所示对话框。

（1）输出通道：在下拉列表中选择需要调整的输出通道（红、绿、蓝）。

（2）源通道下面的各颜色滑块：拖动各滑块，可以调整相应颜色在输出通道中所占的比例。向左拖动滑块或在对话框中输入负值，可以减少该颜色通道在输出通道中所占的比例。

（3）常数：拖曳滑块，可以增加该通道的补色，即可以添加具有各种不透明度的黑色或白色通道。

（4）单色：选中“单色”，可以创建只包含灰度值的彩色图像。

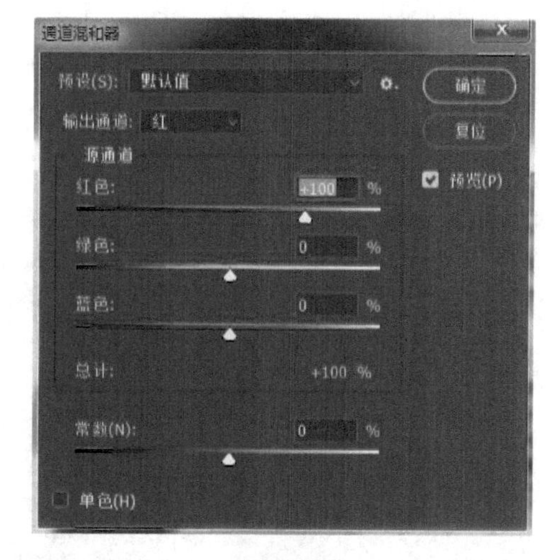

图 5-48

2. 渐变映射

“渐变映射”命令可以将相等的图像灰度范围映射到指定的渐变填充色，它的原理是用渐变条左侧的色彩替代图中的暗部，用渐变条右侧的色彩替代图中的高光部分，然后是用渐变条中间的色彩替代图中的中性色。

操作步骤

根据上面所学知识，就可以利用“通道混合器”和“渐变映射”命令将图片调出特殊的色调。

Step 01 打开本章素材“图 6.jpg”，按组合键“Ctrl+J”复制形成新的图层，执行“图像”→“调整”→“色阶”命令（组合键“Ctrl+L”），弹出“色阶”对话框，参数设定如图 5-49 所示。

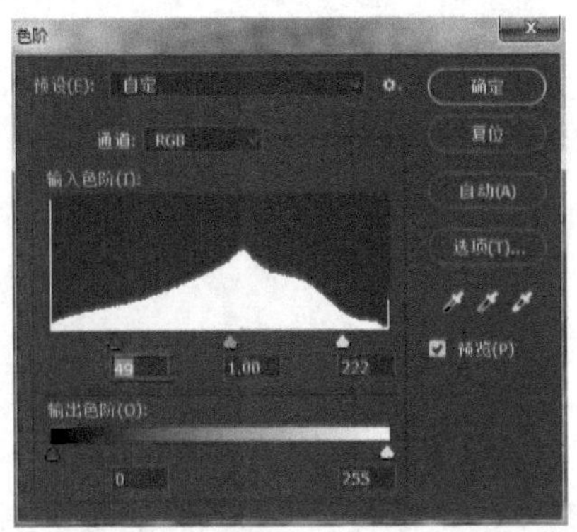

图 5-49

Step 02 新建图层 2，按组合键“Ctrl+Shift+Alt+E”盖印图层。盖印会重新生成一个新图层而不会影响之前所处理的效果，这样做的好处就是，如果处理的效果不满意，可以删除盖印图层，之前做效果的图层依然存在，这在极大程度上方便图片处理，也可以节省时间。

Step 03 执行“图像”→“调整”→“通道混合器”命令，通道设定如图 5-50 所示。

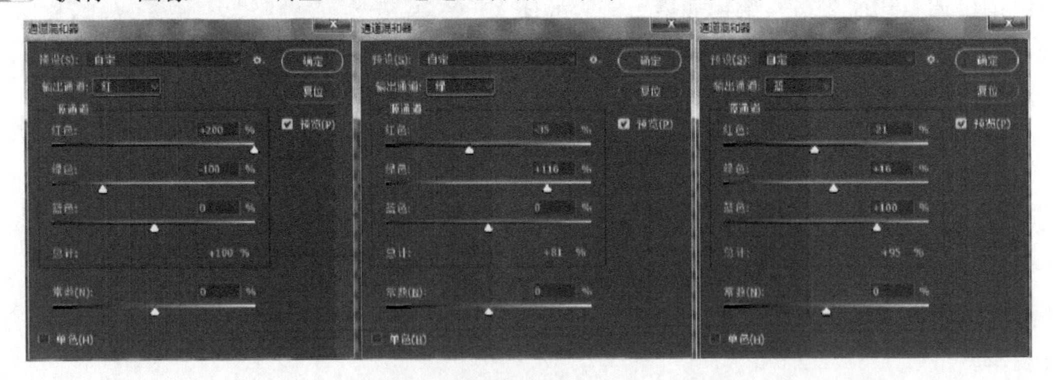

图 5-50

Step 04 还可以加“渐变映射”对图像进行微调，单击图层调板下方的“创建新的填充或调整图层”选项框，设定渐变色如图 5-51 所示。设定图层混合模式为叠加，图层不透明度为 40%，如图 5-52 所示。

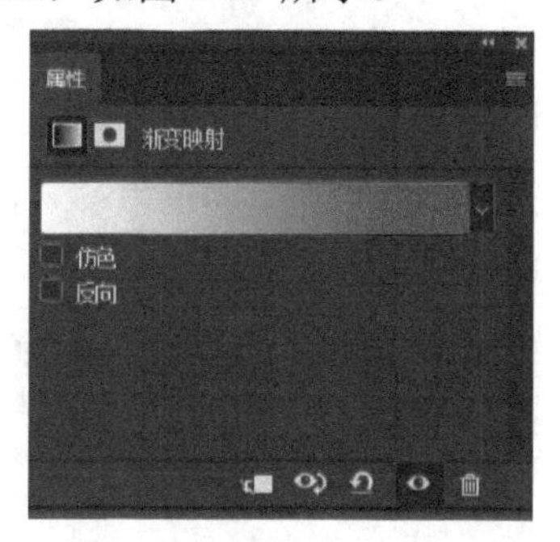

图 5-51

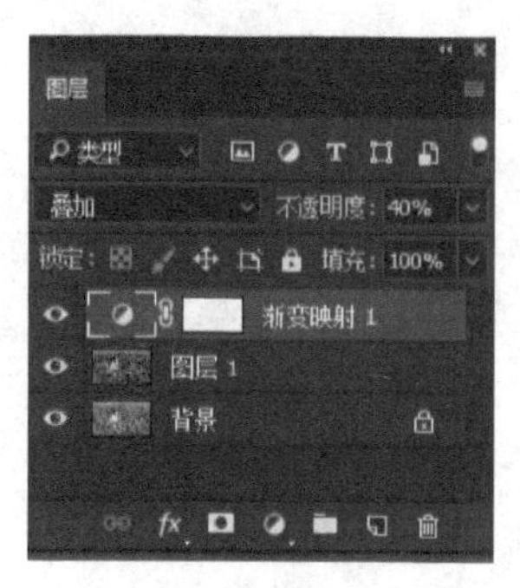

图 5-52

Step 05 得到如图 5-53 所示的效果图，保存为“通道混合调色.psd”。

图 5-53

要点梳理

色彩调整是图形图像处理中一项十分重要的内容，在工作生活中经常会用到，比如调整图像的色相、饱和度或明暗度，还可以对图像加以修饰产生强烈的对比效果。正确运用颜色能使黯淡的图像看起来明亮绚丽，也可使毫无特色的图像看起来充满活力。

5.6 拓展实训

1. 根据本章所学的色彩调整知识，把如图 5-54 所示的实例 1 素材，制作成如图 5-55 所示的效果。

图 5-54

图 5-55

操作要点

使用“可选颜色”“曲线”“色彩平衡”结合图层混合模式及蒙版等操作将图像制作成充满蓝色的梦幻感觉。

2. 根据所学的色彩调整知识，把如图 5-56 所示的实例 2 素材，制作成如图 5-57 所示的效果。

图 5-56

5-57

操作要点

使用“渐变映射”结合图层混合模式将美女的头发制作成金色，使用“替换颜色”可以任意更改美女衣服的颜色。

3. 根据所学的色彩调整知识，把如图 5-58 所示的实例 3 素材，制作成如图 5-59 所示的效果。

图 5-58

图 5-59

操作要点

使用“去色”“色阶”及“可选颜色”等命令对照片进行背景的更替，营造不一样的情怀。

4. 把如图 5-60 所示的实例 4 素材，制作成如图 5-61 所示的效果。

图 5-60

图 5-61

操作要点

使用“色阶”“匹配颜色”及“色彩平衡”等命令结合选区对照片进行调整，丰富图像的色彩。

课后习题 5

选择题

1. 下面选项中对色阶描述正确的是(　　)。
   A. “色阶”对话框中的“输入色阶”用于显示当前的数值
   B. “色阶”对话框中的“输出色阶”用于显示将要输出的数值
   C. 调整 Gamma 值可改变图像暗调的亮度值
   D. “色阶”对话框中共有 5 个三角形的滑钮
2. 下面可提供精确调整的色彩调整命令是(　　)。
   A. 色阶　　B. 亮度/对比度
   C. 曲线　　D. 色彩平衡
3. 下列用来调整色偏的命令是(　　)。
   A. 色调均化　　B. 阈值
   C. 色彩平衡　　D. 亮度/对比度
4. 下面描述正确是(　　)。
   A. 色相、饱和度和亮度是颜色的三种属性
   B. 色相/饱和度命令具有基准色方式、色标方式和着色方式 3 种不同的工作方式
   C. 替换颜色命令实际上相当于使用颜色范围与色相/饱和度命令来改变图像中局部的颜色变化
   D. 色相的取值范围为 0～180
5. 下列色彩模式的图像不能执行可选颜色命令的是(　　)。
   A. LAB 模式　　B. RGB 模式
   C. CMYK 模式　　D. 多通道模式
6. 当图像偏蓝时，应当给图像增加（　　）。
   A. 蓝色　　B. 绿色
   C. 黄色　　D. 洋红

第6章 精细抠像

6.1 课堂实训1 钢笔工具抠像

任务描述

使用钢笔工具，将图6-1中的女孩图像抠取出来，效果如图6-2所示。

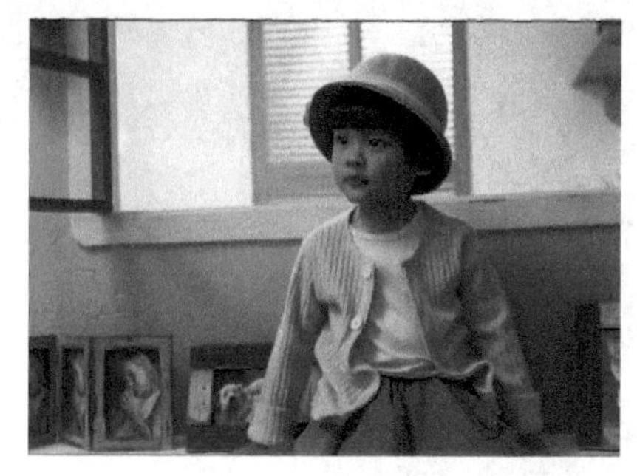

图6-1 原图

图6-2 抠取图

效果分析

使用钢笔工具精细选择选区，使用组合键“Ctrl+Shift+I”反转选区。

知识储备

钢笔工具

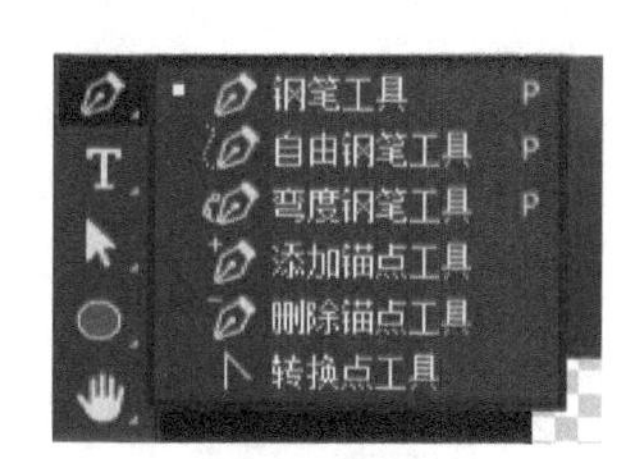

图6-3

钢笔工具组包括6种工具，如图6-3所示，即钢笔工具、自由钢笔工具、弯度钢笔工具、添加锚点工具、删除锚点工具和转换点工具。

（1）选项栏：单击选择钢笔工具，在菜单栏的下方可以看到钢笔工具的选项栏，如图 6-4 所示。

图 6-4

①钢笔工具的绘图方式有 3 种：形状、路径和像素，如图 6-5 所示。

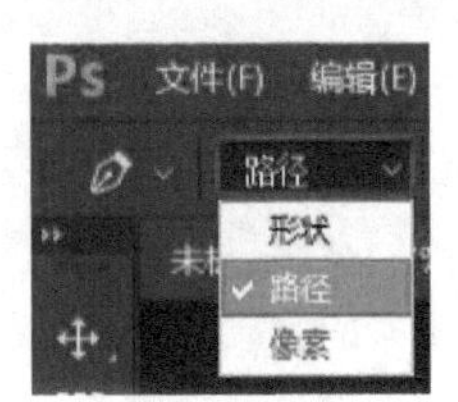

图 6-5

选择“形状”选项后，可以绘制形状。在图中画路径，会自动填充前景色。创建形状图层模式不仅可以在路径面板中新建一个路径，同时还可在图层面板中创建一个形状图层，如果选择创建新的形状图层选项，可以在创建之前设置形状图层的样式、混合模式和不透明度的大小，如图 6-6 所示。

选择“路径”选项时只是简单地生成路径，如图 6-7 所示。

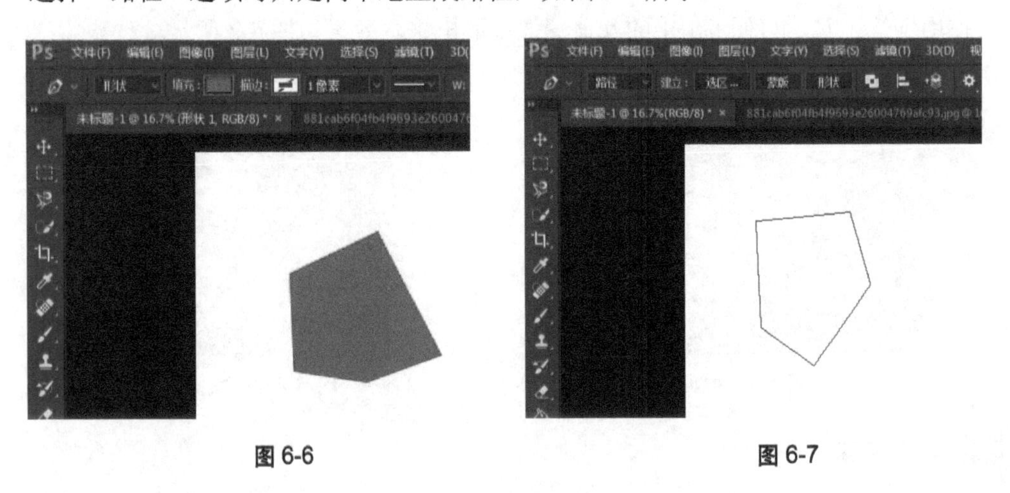

图 6-6　　图 6-7

选择“像素”选项时，这个选项只有在选择图形工具时才能使用，例如矩形、圆角矩形等。

②通过“建立”选项组，可以将钢笔绘制的路径变成“选区”“蒙版”和“形状”3 种形式。

③橡皮带选项：单击选项栏中的齿轮图标，勾选“橡皮带”选项，如图 6-8 所示，可以看到下一个将要定义的锚点所形成的路径，这样在绘制的过程中会感觉比较直观。

在 Photoshop CC 2017 的新增功能中，路径线和曲线不再只有黑白两色，现在可定义路径线的颜色和粗细，使其更符合自己的审美且更加清晰可见。另外，可以指定在单击之间移动指针时（橡皮带效果）是否需要预览路径段。

④自动添加/删除选项：勾选此项，可以在绘制路径的过程中对绘制出的路径添加或删除锚点，单击路径上的某点可以在该点添加一个锚点，单击原有的锚点可以将其删除。如果未勾选此项则，可以通过鼠标右击路径上的某点，在弹出的快捷菜单中选择添加锚点；或者右击原有的锚点，在弹出的快捷菜单中选择删除锚点来达到同样的目的。

（2）建立工作路径

①直线路径。

创建开放路径：单击钢笔工具，在画布上连续单击可以绘制出折线，通过单击工具栏中的钢笔按钮结束绘制，也可以在按住 Ctrl 键的同时在画布的任意位置单击来结束路径。

创建闭合路径：如果要绘制多边形，最后闭合时，将鼠标箭头靠近路径起点，当鼠标箭头旁边出现一个小圆圈时，单击鼠标，就可以将路径闭合。

小提示

在绘制路径时按住 Shift 键，可以绘制出水平、垂直、45°角倾斜的直线型路径。

②曲线路径

钢笔所画曲线是由锚点和手柄决定的，锚点也是路径的定位点，手柄用来决定路径的方向。创建第二个锚点时，单击并拖曳会出现一个曲率调杆，可以调节该锚点处曲线的曲率，从而绘制出曲线路径。在按住 Alt 键的同时用单击鼠标左击，并拖动手柄不放，即可单独地调整两个手柄中的一个，借此改变方向，如图 6-9 所示。

图 6-8 “橡皮带”选项

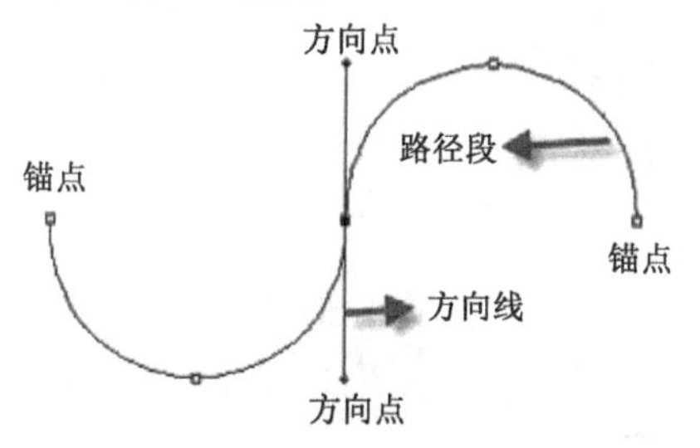

图 6-9 曲线路径

操作步骤

Step 01 将素材“安静女孩.jpg”图片导入，复制一个图层，选中复制层进行编辑，如图 6-10 所示。

图 6-10 复制图层

Step 02 单击 钢笔工具 ，先勾选出几个点，如图 6-11 所示。

Step 03 在有弧度区域的两点之间创建一个锚点，用鼠标左键在线上单击一下即可，然后按住 Ctrl 键任意拉伸这个锚点，达到想要的弧度，如图 6-12 所示。在所有的图案中，都可以任意地先创建两点，之后在两点之间再创建锚点调整弧度。

图 6-11

图 6-12

Step 04 路径轮廓勾选完毕后，在路径面板中单击“将路径作为选区载入”按钮，如图 6-13 所示，效果如图 6-14 所示，也可按组合键 Ctrl+Enter 实现选区的创建。

Step 05 关闭背景图层，然后按组合键 Ctrl+Shift+I 反选选区，删除女孩图像以外的区域，即抠出需要的女孩像，其效果如图 6-15 所示。

图 6-13

图 6-14

图 6-15

知识拓展

一、路径工具

1.自由钢笔和磁性钢笔工具

使用自由钢笔工具，可以像用画笔在画布上画图一样自由绘制路径曲线，不必定义锚点的位置，因为它是自动被添加的，绘制完后再做进一步的调节。自动添加锚点的数目由自由钢笔工具选项栏中的曲线拟的参数决定的，参数值越小自动添加锚点的数目越大，反之则越小，曲线拟的参数的设置范围一般是 0.5～10 像素。

如果勾选“磁性的”选项，自由钢笔工具将转换为磁性钢笔工具，磁性选项用来控制磁性钢笔工具对图像边缘捕捉的敏感度。宽度是磁性钢笔工具所能捕捉的距离，范围是 1～40 像素；对比是图像边缘的对比度，范围是 0～100%；频率值决定添加锚点的密度，范围是 0～100%，如图 6-16 所示。

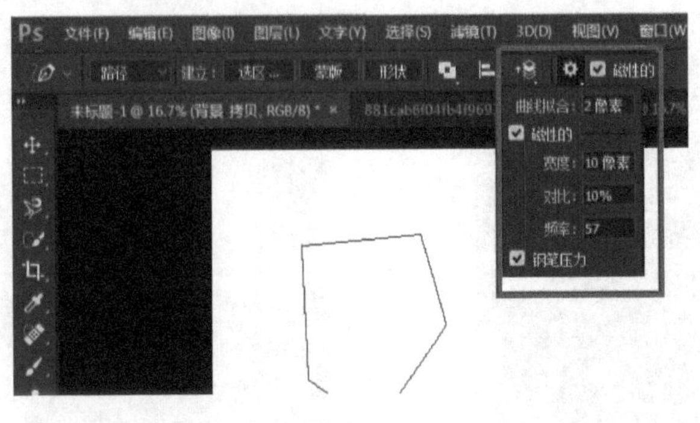

图 6-16

可通过绘制图 6-17 所示的图形，学习磁性钢笔工具的使用。

先按住 Alt 键，使用磁性钢笔工具绘制出直线，然后单击图形左下方的直角点，当绘制最后一段直线时，松开 Alt 键，沿着图形的边缘移动，锚点会自动添加，遇到图形比较尖锐的地方捕捉不到的时候，可以手动单击来添加锚点，需要绘制直线时要提前按下 Alt 键，最后效果如图 6-18 所示。

图 6-17

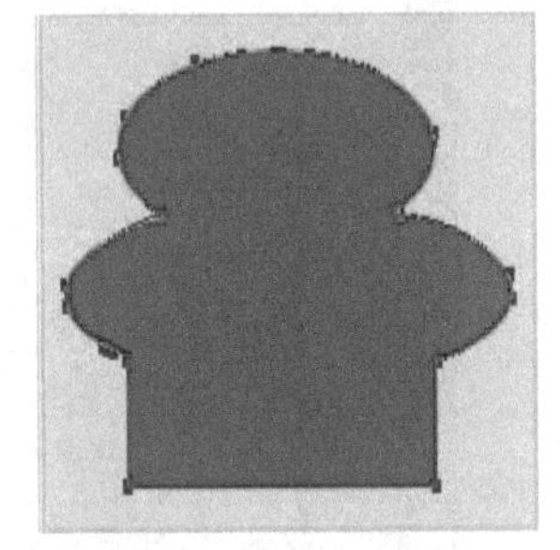

图 6-18

2. 弯度钢笔工具

弯度钢笔工具可以采用同样轻松的方式绘制平滑曲线和直线段。使用这个直观的工具，可以在设计中创建自定义形状，或定义精确的路径，以便毫不费力地优化图像。在执行该操作的时候，无须切换工具就能创建、切换、编辑、添加或删除平滑点或角点。弯度钢笔工具可以采用同样轻松的方式绘制弯曲和平直的路径段。如图 6-19 所示为用弯度钢笔工具抠像的效果图。

3. 添加锚点工具和删除锚点工具

添加锚点工具和删除锚点工具主要用于对现成的或绘制完的路径曲线调节时使用。例如要绘制一个很复杂的形状，不可能一次就绘制成功，应该先绘制一个大致的轮廓，然后就可以结合添加锚点工具和删除锚点工具对其逐步进行细化，直到达到最终效果。

4. 路径节点种类和转换点工具

路径上的节点有 3 种：无曲率调杆的节点（角点），两侧曲率一同调节的节点（平滑点）和两侧曲率分别调节的节点（平滑点），如图 6-20 所示。

图 6-19

3 种节点之间可以使用转换点工具进行相互转换。选择转换点工具，单击两侧曲率一同调节或两侧曲率分别调节方式的锚点，可以使其转换为无曲率调杆方式，单击该锚点并按住鼠标拖曳，可以使其转换为两侧曲率一同调节方式，再使用转换点工具移动调杆，又可以使其转换为两侧曲率分别调节方式。

在绘制路径曲线时，两侧曲率分别调节方式较难控制。下面通过绘制一条如图 6-21 所示的曲线来说明如何准确地创建这种调节方式的锚点。选择钢笔工具，先按住 Alt 键，然后在画布上单击并拖曳，定义第 1 个锚点时，先松开鼠标键，再松开 Alt 键，单击第 2 个锚点的位置并拖曳，当曲率合适后，按住 Alt 键然后将鼠标向上移动，可以看到该锚点变为两侧曲率分别调节方式，当曲率调节合适后，先松开鼠标键然后再松开 Alt 键，在最后一个锚点的位置单击并拖曳来完成此路径曲线的绘制。

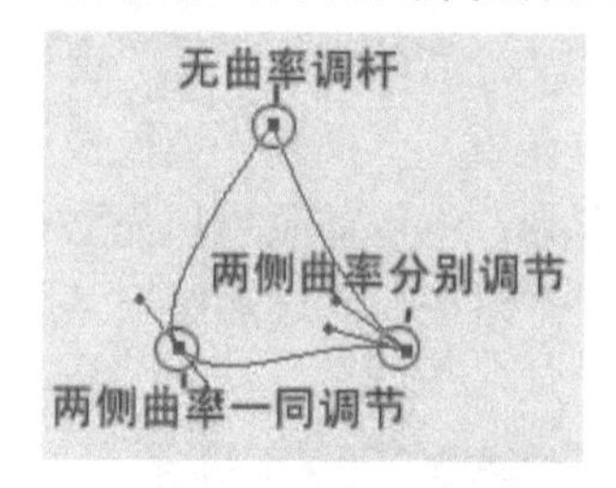

图 6-20　3 种路径节点

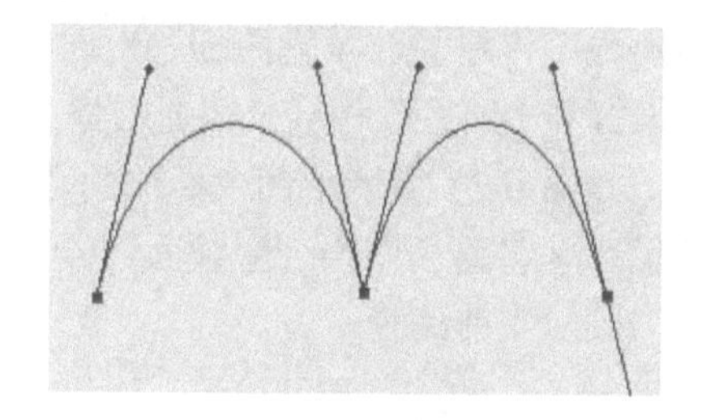

图 6-21　曲线路径

单击或拖动锚点可将其转换成拐点或平滑点，拖动锚点上的调节手柄可以改变路径段的弯曲度。

小提示

- 按住 Shift 键拖动其中一个锚点的调节手柄，可以强制手柄以 45° 角或 45° 角的倍数进行改变。
- 按住 Alt 键可以任意改变两个手柄中的一个，但不会影响另一个手柄。
- 按住 Alt 键拖动路径段，可以复制路径。
- 按住 Ctrl 键，当鼠标经过锚点时，转换点工具将暂时性地切换成直接选择工具。

5. 路径选择工具和直接选择工具

路径选择工具用来选中整条或多条路径进行变换，包括路径选择工具和直接选择工具。如图 6-22 所示。

路径选择工具：可选择一条闭合的路径或是一条独立存在的路径，可以整体移动和改变路径的形状，还可以调整两个路径的相对位置。其使用方法类似于“移动工具”，只不过“移动工具”是对选取区域进行操作，而“路径选择工具”是对路径进行操作。

直接选择工具：可以选择任何路径上的节点，点选其中一个或是按住 Shift 键连续点选可选多个。它可以方便地对锚点、控制手柄、一段路径，甚至全部路径进行移动、改变方向和形状的操作。其属性栏没有任何参数。

在路径外任意处单击，可以取消对路径的选取。将路径框架包围在该工具的拖曳范围之中，可以选中所有的锚点，这时锚点全部变为实心状，移动任何锚点或曲线都可以使全部路径移动。

直接选择工具在调节路径曲线的过程中起着举足轻重的作用，因为对路径曲线来说最重要的锚点的位置和曲率都要用直接选择工具来调节。

如果移动的时候按住 Alt 键，可以将路径复制到新的位置。按住 Ctrl 键可调换使用这两种工具。

二、路径调板

如果说画布是钢笔工具的舞台，那么路径调板就是钢笔工具的后台。

Photoshop 中的“路径”调板可以对创建的路径进行更加细致的编辑，在“路径”调板中主要包括“路径”“工作路径”和“形状矢量蒙版”，在调板中可以将路径转换成选区、将选区转换成工作路径、填充路径和对路径进行描边等。在菜单栏中执行“窗口→路径”命令，可以打开“路径”调板。在通常情况下，“路径”调板与“图层”调板被放置在同一调板组中，如图 6-23 所示。图中标注的数字 1～7 分别为：①用前景色填充路径，②用画笔描边路径；③将路径作为选区载入，④从选区生成工作路径，⑤添加图层蒙版，⑥创建新路径，⑦删除当前路径。

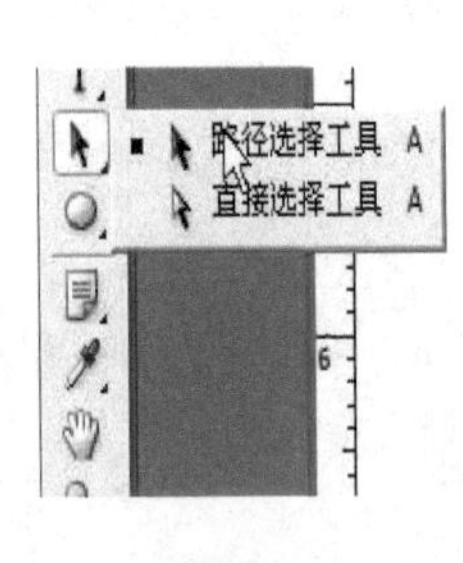

图 6-22

图 6-23　路径调板

1. 新建路径

使用钢笔路径或形状工具，在页面中绘制路径后，此时在“路径”调板中会自动创建一个“工作路径”图层。

在“路径”调板中单击“创建新路径”按钮，此时在“路径”调板中会出现一个空白路径。绘制路径时，会将路径存放在此路径层中。

在“路径”调板的弹出菜单中执行“新建路径”命令，弹出“新建路径”对话框。在对话框中设置路径名称后，再单击“确定”按钮，即可新建一个自己设置名称的路径。

2. 储存路径

创建工作路径后，如果不及时储存，第二个绘制的路径会将前一个路径覆盖。工作路径储存的方法有以下几种：

- 绘制路径时，系统会自动出现一个“工作路径”作为临时存放点。
- 在“工作路径”上双击，即可弹出“存储路径”对话框，设置“名称”后，单击“确定”按钮，即可完成储存 。
- 创建工作路径后，执行弹出菜单中的“存储路径”命令，也会弹出“存储路径”对话框，设置名称后，单击“确定”按钮，即可完成存储。
- 拖动“工作路径”到“创建新路径”按钮上，也可以储存工作路径。

3. 移动、复制、删除与隐藏路径

使用“路径选择工具”选择路径后可以将其拖动更改位置；拖动路径到“创建新路径”按钮上时，就可以得到一个该路径的副本；拖动路径到“删除当前路径”按钮上时，就可以将当前路径删除；在“路径”调板空白处单击，可以将路径隐藏。

4. 路径转换成选区

在处理图像时，用到路径的时候不是很多，但是要对图像创建路径并转换成选区，就可以应用 Photoshop 中对选区起作用的所有命令。

将路径转换成选区可以直接单击“路径”调板中的“将路径作为选区载入”按钮，即可将创建的路径变成可编辑的选区，如图 6-24 所示。

5. 选区转换成路径

在处理图像时，创建出的局部选区有时比使用钢笔工具方便。将选区转换成路径，可以继续对路径进行更加细致的调整，以便能够制作出更加细致的图像抠图。

将选区转换成路径后，可以直接单击“路径”调板中的“从选区生成工作路径”按钮，如图 6-25 所示。

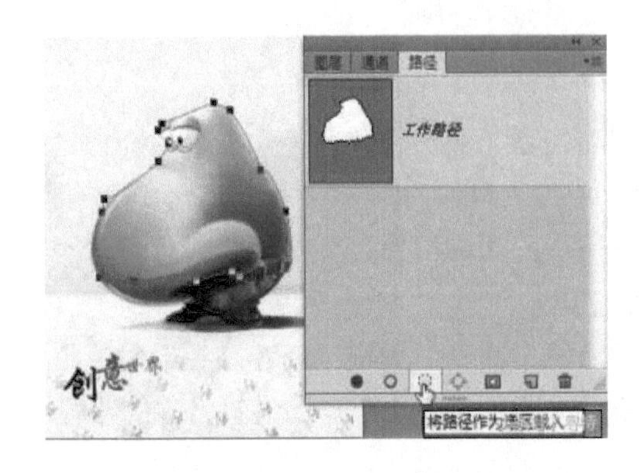

图 6-24　将路径作为选区载入

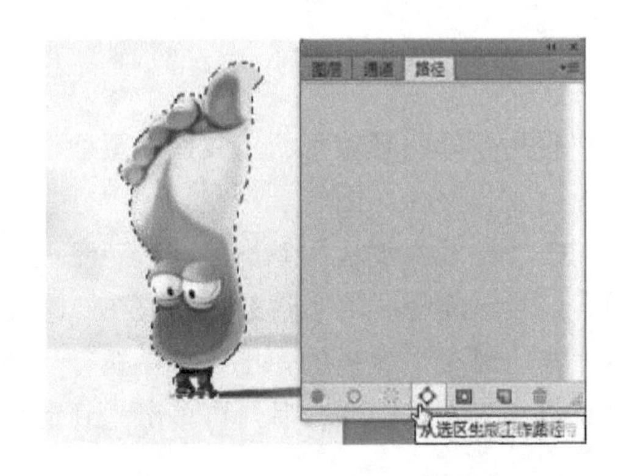

图 6-25　从选区生成工作路径

6. 描边路径

在图像中创建路径后，可以应用“描边路径”命令对路径边缘进行描边。

要描边路径时可直接单击“路径调板”中的“用画笔描边路径”按钮将路径进行描边，如图 6-26 所示（前提是选择画笔工具或铅笔工具）。

7. 填充路径

通过“路径”调板，可以为路径填充前景色、背景色或者图案。如果直接在“路径”调板中选择“路径”层或“工作路径”层，填充的路径会是所有路径的组合部分；如果单独选择一个路径可以为子路径进行填充。

要填充路径可以直接单击“路径”调板中的“用前景色填充路径”按钮，为路径填充前景色，如图 6-27 所示。Photoshop 中的“路径”调板可以对创建的路径进行更加细致的编辑，在“路径”调板中主要包括“路径”“工作路径”和“形状矢量蒙版”，在调板中可以将路径转换成选区、将选区转换成工作路径、填充路径和对路径进行描边等。在菜单栏中执行“窗口/路径”命令，可以打开“路径”调板，也可利用工具选项栏上的工具对路径进行描边和填充。

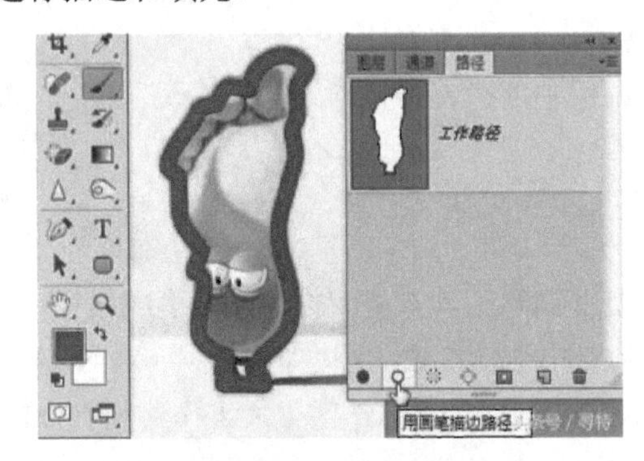

图 6-26　描边路径

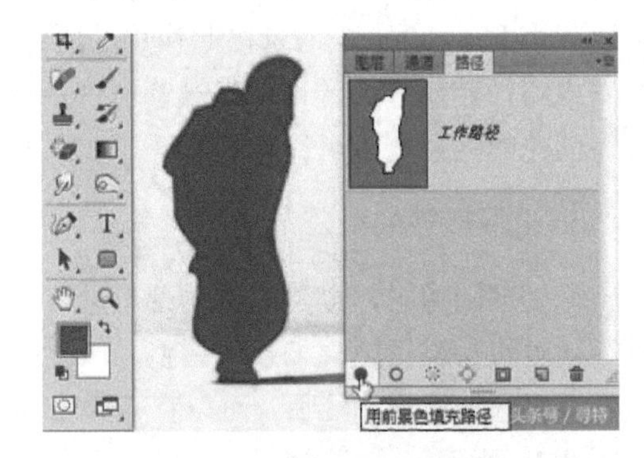

图 6-27　用前景色填充路径

6.2　课堂实训 2　组合形状的绘制

任务描述

绘制如图 6-28 所示的图形。

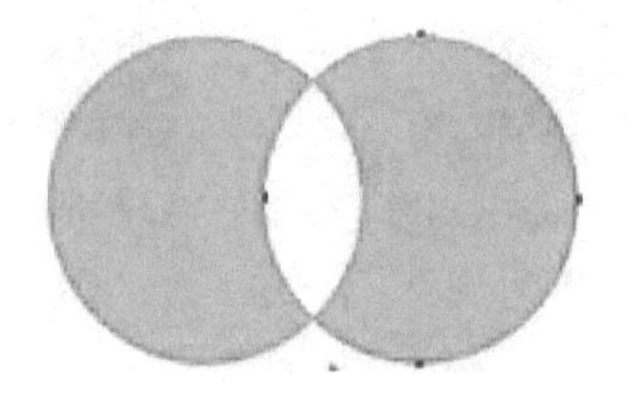

图 6-28

效果分析

对于如图 6-28 所示图形，绘时应先制两个相同的圆并将其叠加在一起，然后找出叠加部分后，最后排除重叠形状即可。操作中可多次使用形状组合选项。

知识储备

1. 形状工具

（1）形状工具的组成

单击形状工具图标，在弹出的列表中可以看到，形状工具包含矩形工具、圆角矩形工具、椭圆工具、多边形工具、直线工具、自定义形状工具，如图 6-29 所示。

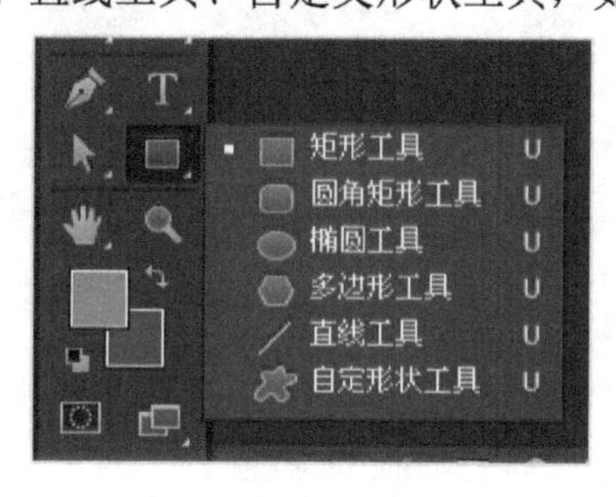

图 6-29

（2）形状的取得

选择形状工具后在工具选项中选择“形状”，如图 6-30 所示。如果选择了形状工具后忘记设置了，也可以通过单击图 6-30 所示的工具选项栏的“形状”按钮把路径转换成形状。

（3）形状的填充

填充是给形状上颜色，形状图层的颜色是前景色。图 6-30 左侧图中上面 5 个方框从左到右依次是：无填充、纯色填充、渐变填充、图案填充、拾色器。

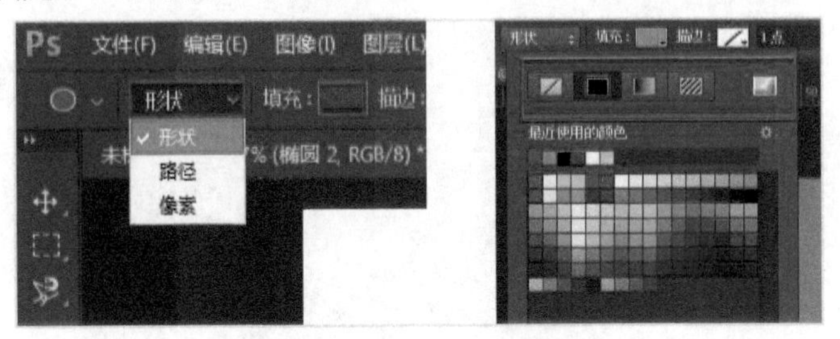

图 6-30　形状选项、形状的填充

（4）形状的描边

方法同理描边设置，不过描边多了一些功能，如图 6-31 所示为形状描边选项，如可以设置描边的位置（外部、内部、居中）、类型（实线还是虚线）、粗细（描边的宽度），对齐是指描边的位置，端点是指线段两头的类型，角点是角的类型。

2. 形状的组合方式

画好的几个路径的组合是通过“路径操作”按钮完成的，它类似于 AI 里的路径检查器，单击“路径操作”按钮，从上往下依次是：新建图层、合并形状、减去顶层形状、与形状区域相交、排除重叠形状和合并形状组件，如图 6-32 所示。

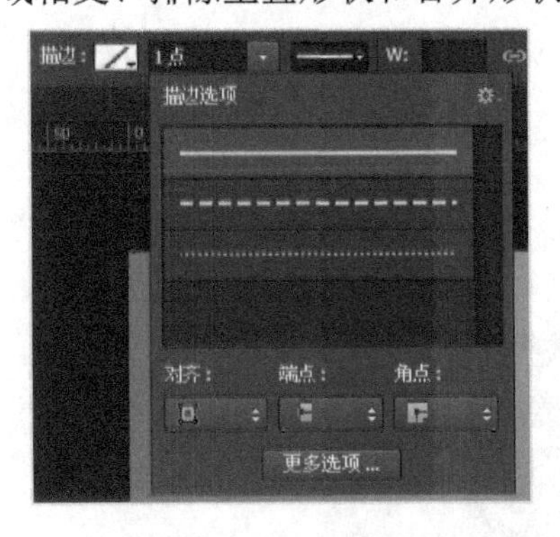

图 6-31　形状的描边

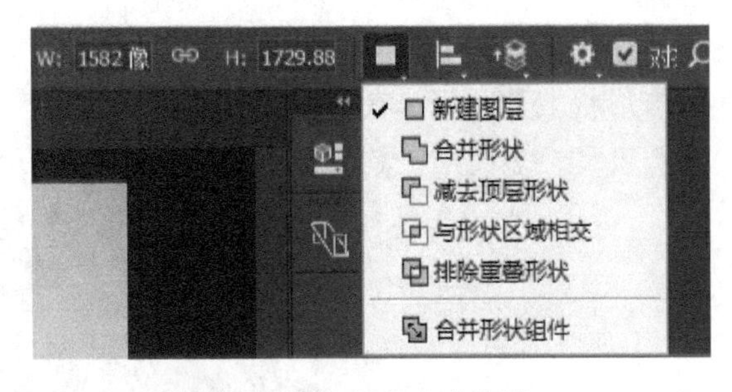

图 6-32　形状组合方式选项

- 新建图层：新建一个形状的同时新建一个图层。
- 合并形状：把新画的形状与之前画的形状合并在同一个图层里。
- 减去顶层形状：新建的形状在原先形状中的镂空（两个形状在同一个图层）。
- 与形状区域相交：显示两个形状的交叉部分。
- 排除重叠形状：两个形状相交部分为空白。

如果想修改已经设置好的组合类型，只需要选中想修改的形状的所有节点，然后再修改类型就可行。

操作步骤

Step 01 在如图 6-33 所示左侧工具栏中单击选择“椭圆工具”，并将椭圆工具内的填充颜色设置为蓝色。

Step 02 在背景上绘制一个圆形，然后用“路径选择工具”选中圆形，按住 Alt 键的同时拖动鼠标复制一个圆形路径，如图 6-34 所示。

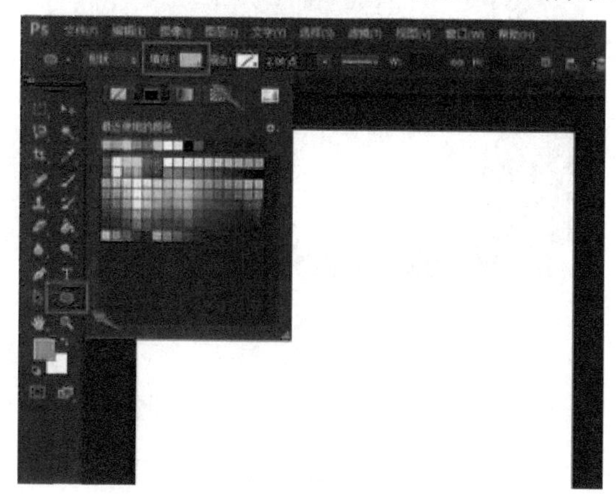

图 6-33　选择椭圆工具和颜色

图 6-34　图形绘制及复制

此时，用“路径选择工具”选中复制的圆形，可以看到上方的“合并形状工具”变成了可点选模式，如图 6-35 所示。从图 6-35 中可以看出，新复制出来的圆形在前一个圆形的上方，单击“减去顶层形状”选项，就可以看到原来的圆形减去了顶层新复制出来的圆形。

Step 03 单击“与形状区域相交”选项，可以看到两个圆形相交的区域被绘制出来，如图 6-36、图 6-37 所示。

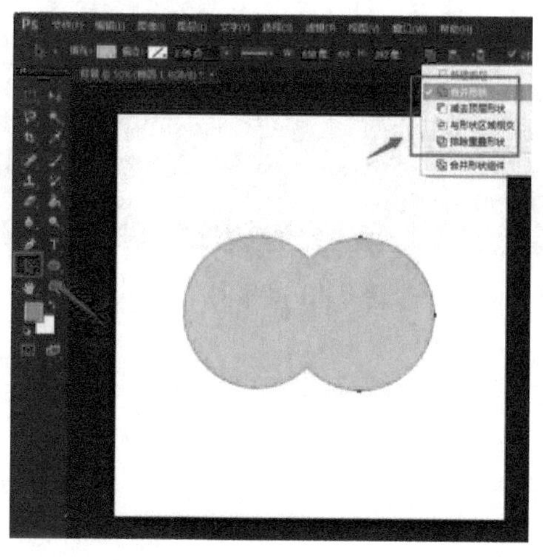

图 6-35

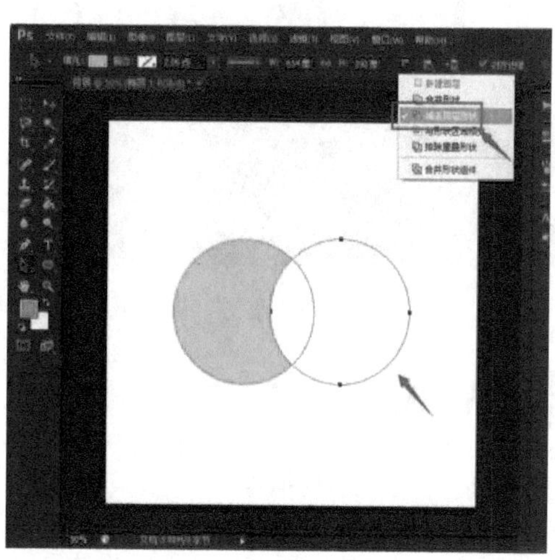

图 6-36

Step 04 最后单击“排除重叠形状”选项，就可以看到两个圆形重叠的区域被排除了，如图 6-38 所示。

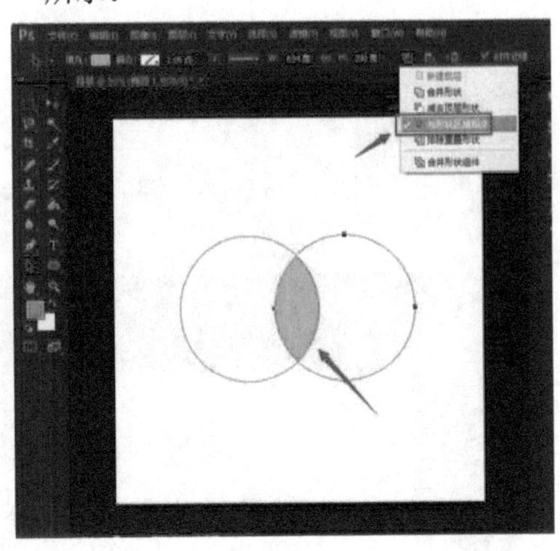

图 6-37

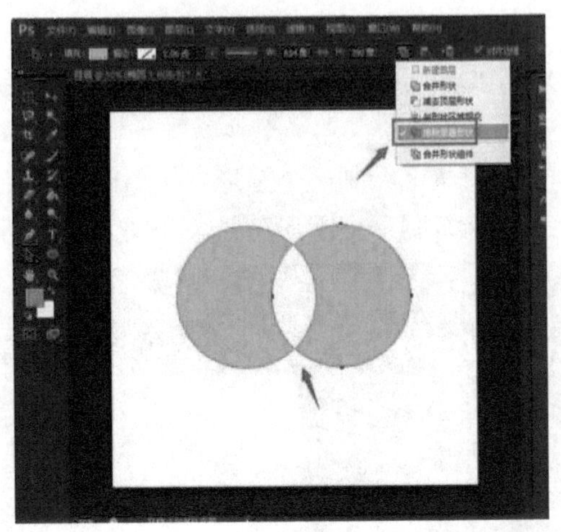

图 6-38

6.3 课堂实训 3 自定义形状图案

任务描述

使用钢笔工具抠像，并将从图 6-39 抠出的轮廓设置为如图 6-40 所示的形状图案。

图 6-39 素材

图 6-40 效果图

效果分析

（1）使用钢笔工具抠像；

（2）使用绘制抠出的形状图案；

（3）将形状图案永久保存。

知识储备

自定义形状的绘制

新建一个空白的画布，单击选择“自定义形状”工具，如图6-41所示。在任务选项栏里设置好参数，如图6-42所示，颜色选择红色。找到需要绘制的形状，例如选择图形“花5”，在工作区绘制即可，效果如图6-43所示。

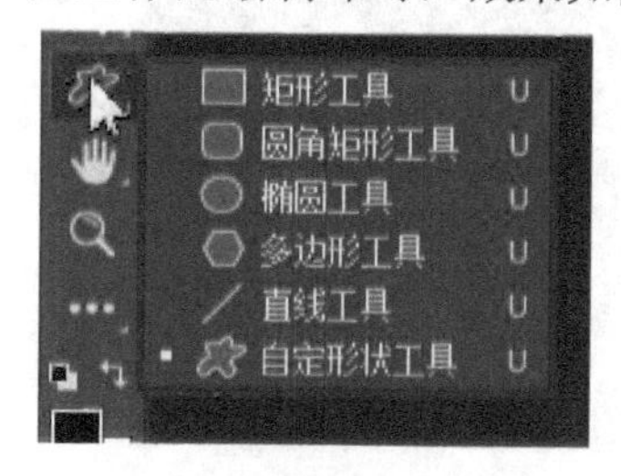

图6-41

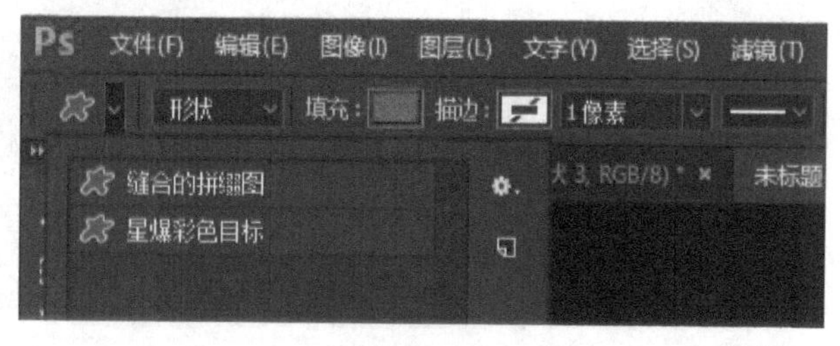

图6-42

图6-43 形状“花5”的绘制

操作步骤

Step 01 先用“弧度钢笔”工具将欢快女孩进行勾选，勾选完成后，选择路径面板，选中“工作路径”，如图6-44所示。

图 6-44

Step 02 执行“编辑→自定义形状工具”命令，如图 6-45 所示。弹出“形状名称”窗口，如图 6-46 所示，将名称命名为“欢快”并单击“确定”按钮，至此已将欢快女孩的轮廓定义为自定义形状。

图 6-45

图 6-46

Step 03 单击选择“自定义形状”工具，如图 6-47 所示，单击其属性形状的下拉菜单，找到刚才命名为“欢快”的图案，如图 6-48 所示。

图 6-47

图 6-48

Step 04 设置前景色，用拾色器拾取女孩坎肩上的颜色，在编辑区拖动，绘制出“欢快”女孩的图案，调整大小和位置，效果如图 6-49 所示。

图 6-49 绘制“欢快”图案

Step 05 将上步绘制的“欢快”女孩的图案进行存储。在设置中选择“存储形状”命令即可，如图 6-50 所示，以后需要应用的时候只需单击载入形状，即可将其载入。

图 6-50 存储形状

要点梳理

通过钢笔工具组、形状工具、路径选择工具组和路径面板的学习，练习钢笔工具抠图和绘制自定义形状。

6.4 课堂实训 4 使用“焦点区域”命令抠图

任务描述

将图片中的女骑士从背景中抠取出来，如图 6-51 所示。

图 6-51

效果分析

Photoshop CC 2017 有显示焦点区域功能，针对有明确焦点的图片抠图效果特别好，特别是针对焦点和背景没有多大区别的图片，且抠取步骤非常简单，而且效果好。

操作步骤

Step 01 启动 Photoshop CC 2017 软件，将素材“第 6 章 骑士.jpg”导入，如图 6-52 所示。

图 6-52 导入素材

Step 02 执行菜单栏的“选择→焦点区域”命令，如图 6-53 所示。可以看到选择完毕后软件已开始计算焦点区域，在视图模式中选择“闪烁虚线”进行查看，可以看到效果还是不错的，如图 6-54 所示。

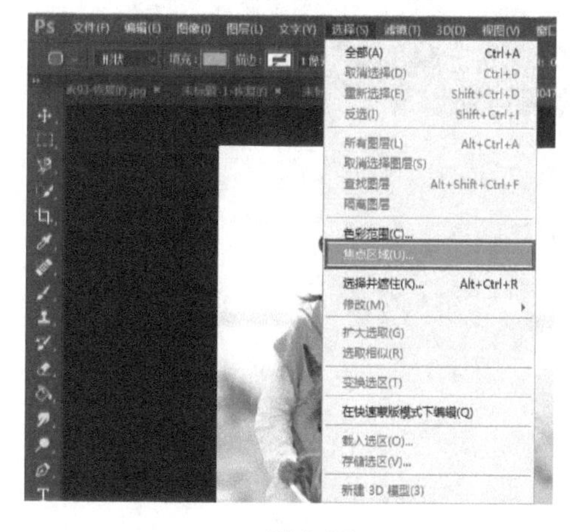

图 6-53

图 6-54

Step 03 进一步细致完善抠图。本案例中图片背景和焦点区域很相似，通过“添加到选区”和“从选区中减去”来增减选区，进行细致调节，从虚线处可以看到抠图效果，焦点区域面板上的“参数”和“高级”两个选项一般勾选“自动”即可，如图 6-55 所示。

Step 04 输出到选择“图层蒙版”模式，如图 6-56 所示。

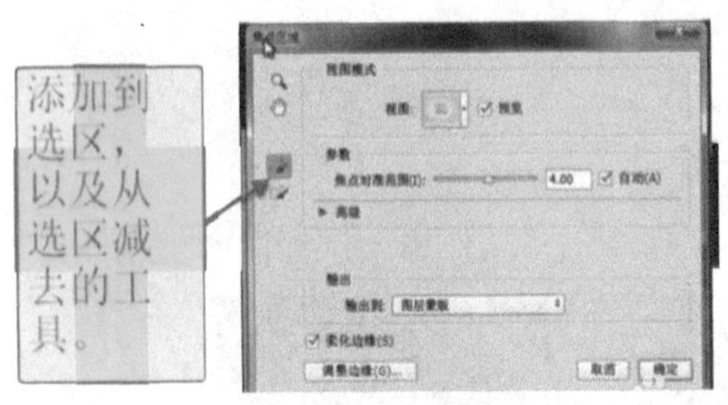

图 6-55

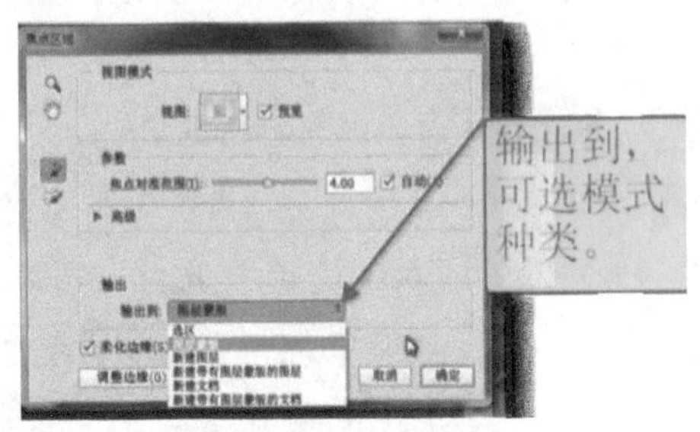

图 6-56

Step 05 本案例到此抠像效果已经很好了，如果追求更加完美的抠图效果可以单击面板左下角的“选择并遮住”命令来进一步进行调整，“选择并遮”窗口如图 6-57 所示，最后抠取的效果如图 6-58 所示。

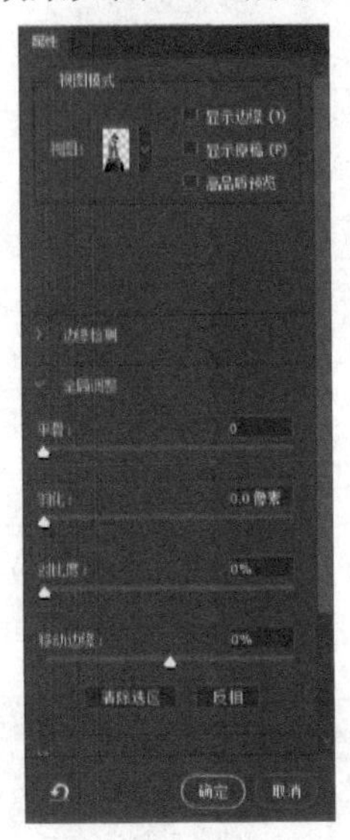

图 6-57

图 6-58

6.5 课堂实训 5 使用“选择并遮住”命令抠图

任务描述

使用 Photoshop CC 2017 新功能“选择并遮住”快速扣取精细头发丝，如图 6-59、图 6-60 所示。

图 6-59　原图

图 6-60　抠取图

操作步骤

Step 01　将图片“风华”在 Photoshop CC 2017 中打开，单击选择工具组（选择任何一个选择工具均可），再单击上面的“选择并遮住”按钮，如图 6-61 所示，在属性栏的视图模式中选择“叠加”模式，如图 6-62 所示。

图 6-61　单击“选择并遮住”按钮

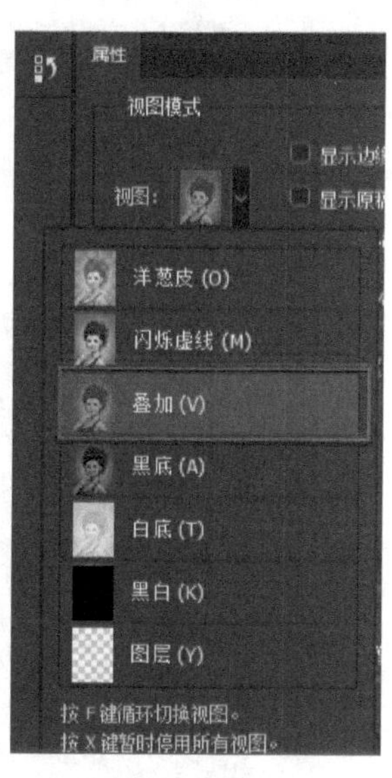

图 6-62　叠加模式

Step 02　单击“选择并遮住”按钮后，可看到左侧的调整工具如图 6-63 所示。左侧的工具由上向下分别是：快速选择工具、调整边缘画笔工具、画笔工具、套索工具、抓手工具和缩放工具。可使用调整工具中的“快速选择工具”选择选区。

图 6-63　调整工具

Step 03 在选取过程中可以根据需要调整笔头的大小，对于没有选到的或选过的部分利用“+”“-”进行修改，如图 6-64 所示。

图 6-64　添加到选区和从选区中减去

Step 04 利用“调整边缘”画笔工具对边缘的发丝进行涂抹并使之显现出来，如图 6-65 所示。

图 6-65 调整边缘

Step 05 切换到黑白视图（蒙版视图）进行精细涂抹，将细发丝显示出来（右下角的方框处为耳坠），如图 6-66 所示。

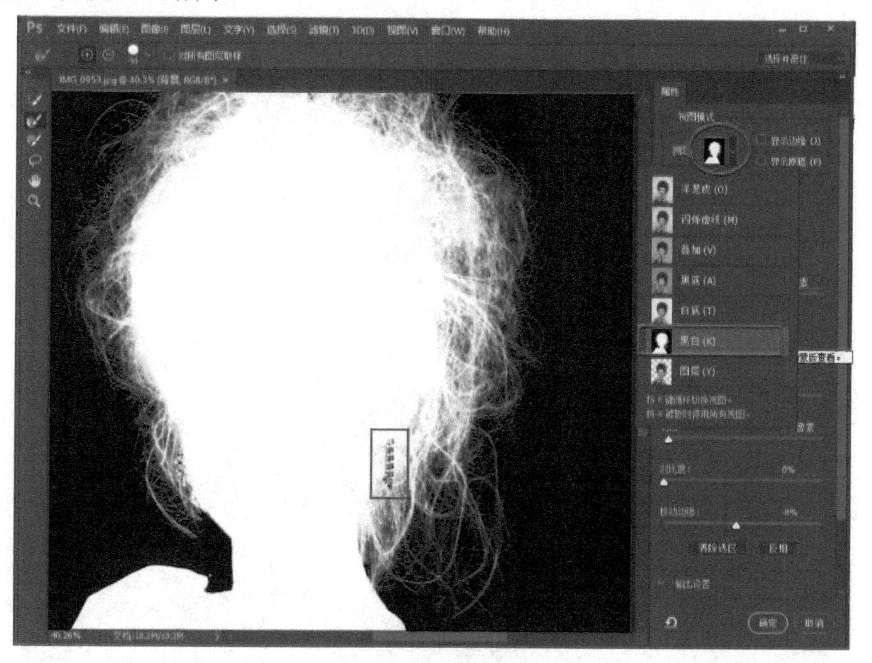

图 6-66 黑白视图

Step 06 选择“画笔工具”将耳坠涂抹掉。由于耳坠是白色的，所以在涂抹过程中变成透明的了，因为对于黑白视图来说黑色是透明的，如图 6-67 所示。

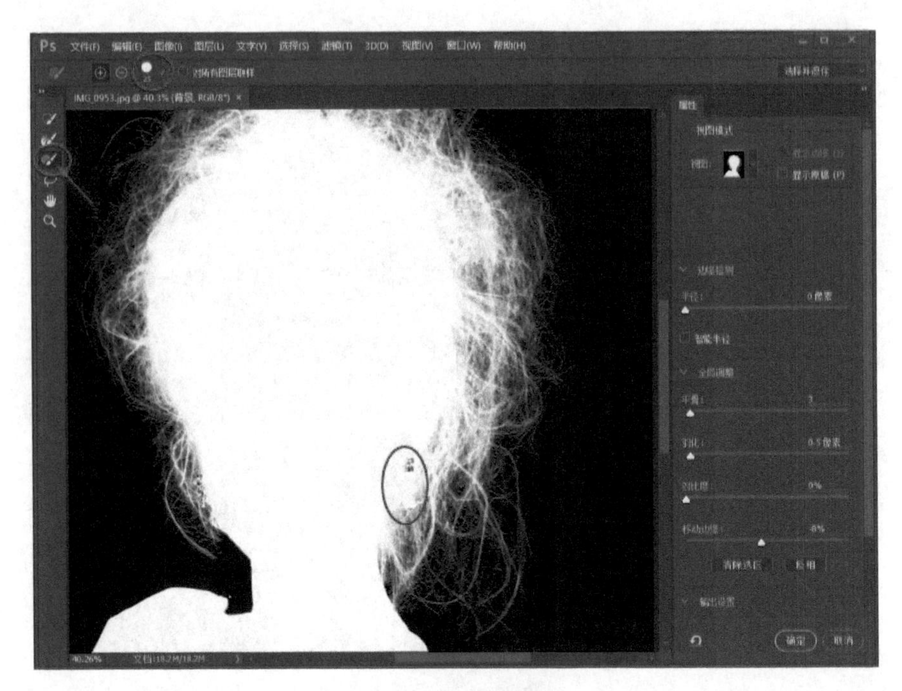

图 6-67 涂抹出透明色

Step 07 调整“属性面板”。将平滑值调到 3，羽化值为 0.5 像素，对比度为 1%，移动边缘值为-4%（负值能使选取的边缘向内收缩一点，防止出现白边），如图 6-68 所示。各项调整数值根据图像大小的不同数值也会不同。

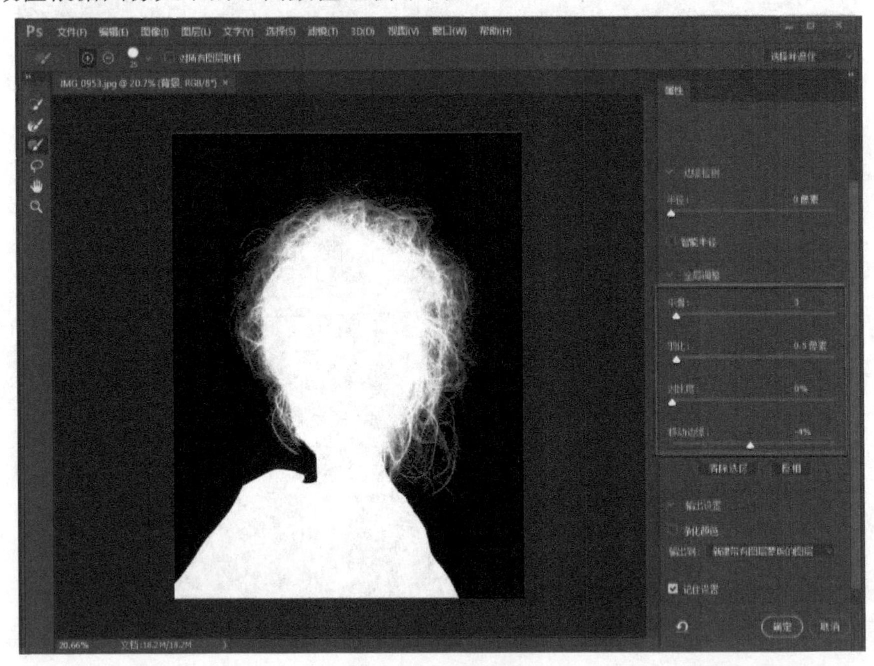

图 6-68 全局调整

Step 08 输出选项选择“新建带有图层蒙版的图层”，方便以后调整，如图 6-69 所示。单击“确定”按钮。

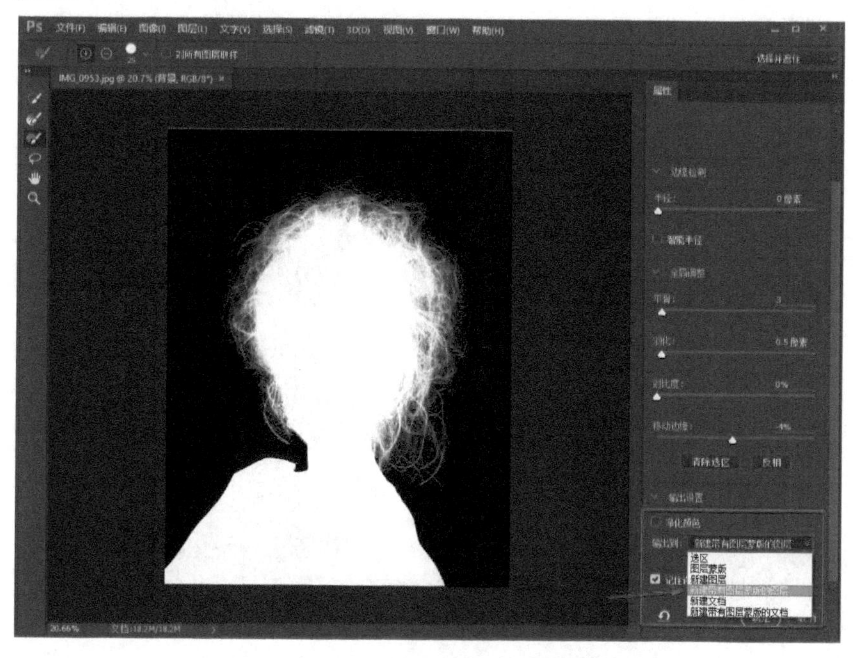

图 6-69　输出到“新建带有图层蒙版的图层”

Step 09 返回 Photoshop CC 2017 后观察图层面板，发现建立了一个带有图层蒙版的图层，如图 6-70 所示。

图 6-70　图层蒙版

Step 10 按住 Alt 键的同时用鼠标单击蒙版，会显示出蒙版的状态，如图 6-71 所示。如不满意可以再做调整。

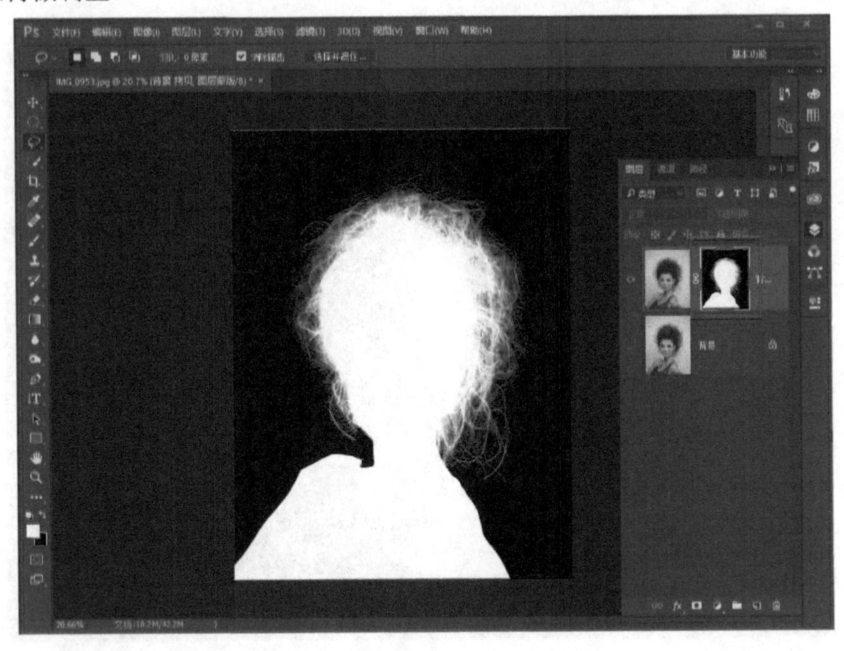

图 6-71

Step 11 在蒙版上单击鼠标右键，在弹出的快捷菜单中选择“应用图层蒙版”选项，如图 6-72 所示。这样扣出来的美女头像就完成了。

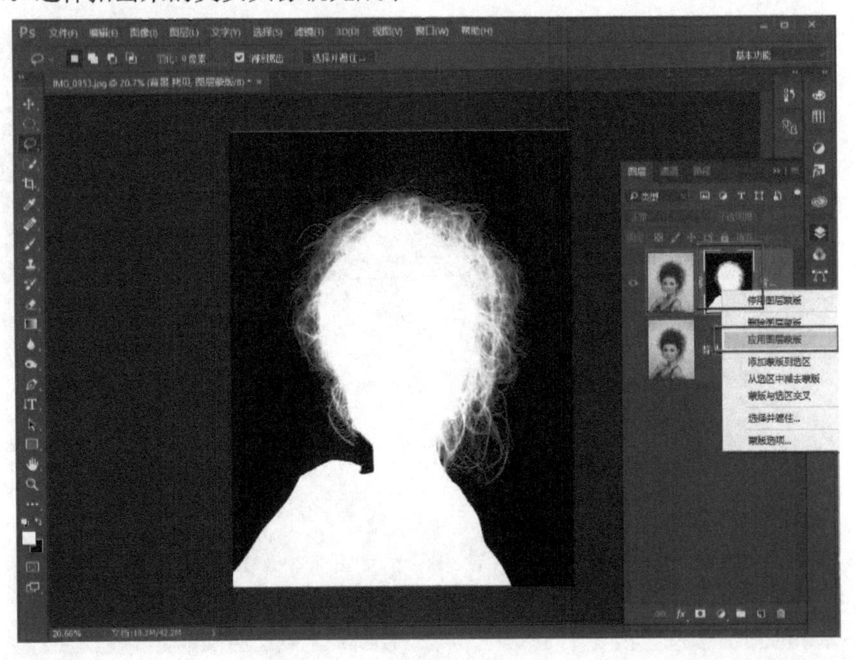

图 6-72

Step 12 添加一个深颜色的背景图层，这时发现抠出来的发丝有很多都发白，这是因为很细的发丝抠出来之后变成半透明的了，如图 6-73 所示。

图 6-73

Step 13 单击“加深工具”，并选中右侧“锁定透明图层”，如图 6-74 所示。

图 6-74

Step 14 用加深工具在发白的头发上慢慢涂抹，如果感觉涂抹“过头”了可以再用减淡工具恢复。注意一定要在透明图层上操作而不可在不需要的地方涂抹，如果由于误操作涂到了其他部分，也可以用减淡工具“找”回来，效果如图 6-75 所示。

图 6-75

Step 15 最后用一个白色图层检查一下，现在头发很完美了，如图 6-76 所示。

图 6-76

6.6 课堂实训 6 从虚化背景中抠图

任务描述

将虚化背景中的人物用 Photoshop CC 2017 新功能快速抠取出来，如图 6-77～图 6-79 所示。

图 6-77 素材“归家”

图 6-78 素材“长路”

图 6-79 效果图

操作步骤

Step 01 将素材“归家.jpg”和“长路.jpg”2 个素材放入同一 PSD 文档，“归家”在上方图层，执行“选择→焦点区域”命令，弹出焦点区域对话框，如图 6-80 所示。PS 会自动计算焦点对准范围，自动计算的选择效果使大部分选择工作已自动完成。

Step 02 切换选区画笔的加减模式，相应增加或减少选区。为方便查看选区，可以将视图模式调整为闪烁虚线。加减完毕后将输出选项改为输出到“图层蒙版”，如图 6-81 所示。

Step 03 选择并遮住工具精修选区。

(1) 头发边缘部分有较大问题。将“边缘检测”半径调整为 10 像素，PS 会重新计算确定边缘。虽较之前有所优化，但仍不理想，如图 6-82 所示。

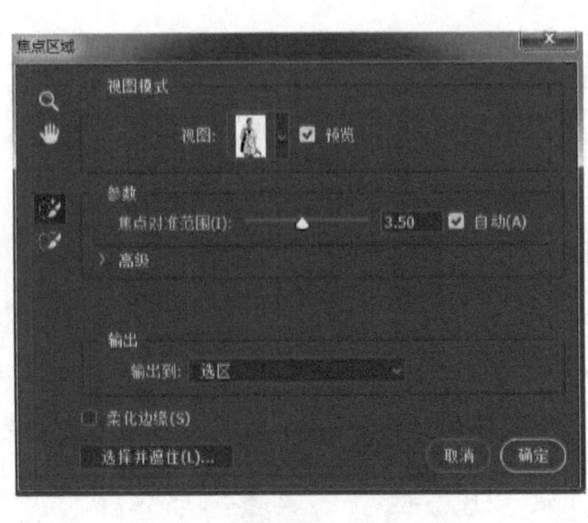

图 6-80

图 6-81

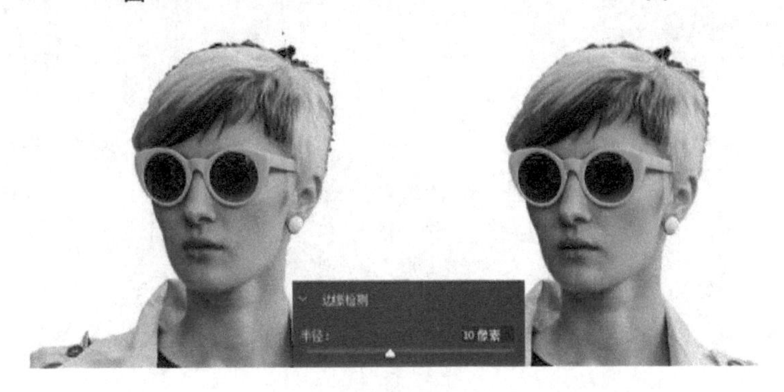

图 6-82

（2）放大查看模特脖子时，发现边缘参差不齐。将右侧属性面板的平滑值调到 5，平滑边缘如图 6-83 所示。

图 6-83

（3）将视图模式切换为“图层”，勾选“显示边缘”复选项，详细查看边缘。单击“调整边缘画笔”工具，沿头发边缘涂抹，确保每根头发都能涂抹到。PS 会根据涂抹的范围重新计算确定边缘，如图 6-84 所示。

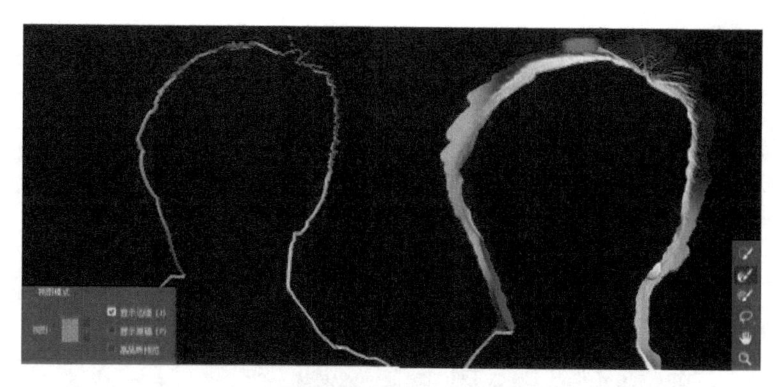

图 6-84 调整边缘画笔涂抹

（4）取消勾选“显示边缘”复选项，查看优化后的整体效果。再勾选“显示原稿”复选项，查看修改前的效果，发现修改后效果优化明显，如图 6-85 所示。

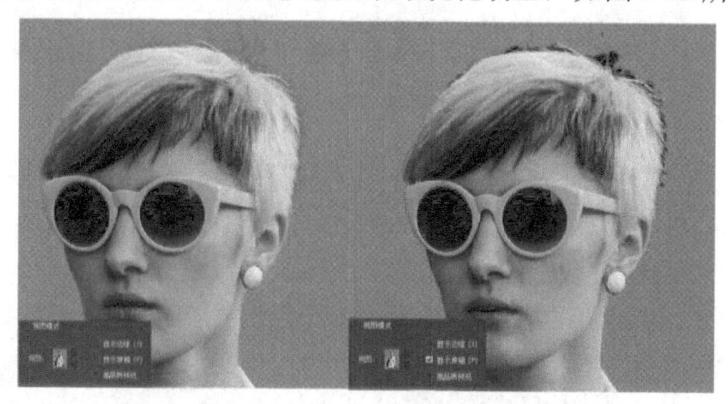

图 6-85 显示原稿效果

（5）修其他区域。单击“画笔”工具，对选区的其他区域进行优化操作。检查确定输出选项输出到“图层蒙版”后，单击“确认”按钮，效果如图 6-86 和图 6-87 所示。

图 6-86

图 6-87

Step 04 修手臂下方区域。切换到“矩形选框”工具，选择模特左手臂下方区域。选择“色彩范围”，通过增减取样工具选出背景，单击“确定”按钮后用“选择并遮住”精修选区。单击蒙版缩略图并用黑色填充选区，如图 6-88 所示。

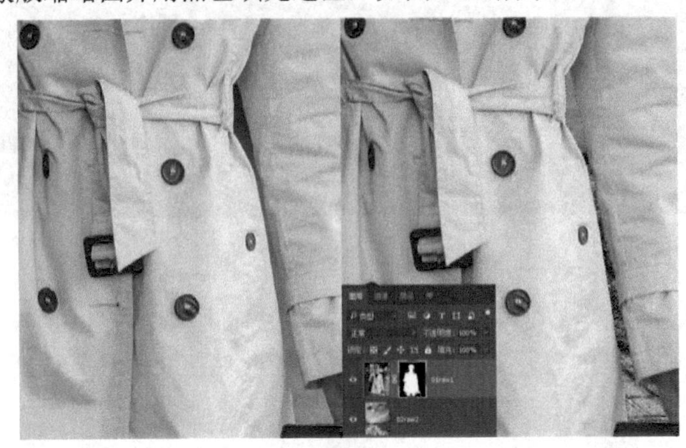

图 6-88

Step 05 修掉头顶红色。新建图层，用吸管工具取样头发颜色，运用“画笔工具”，将画笔硬度调到 0%，沿着头发顶部红色边缘涂抹。首先将图层模式设置为“颜色”，然后将图层创建为“剪贴蒙版”，如图 6-89 所示。

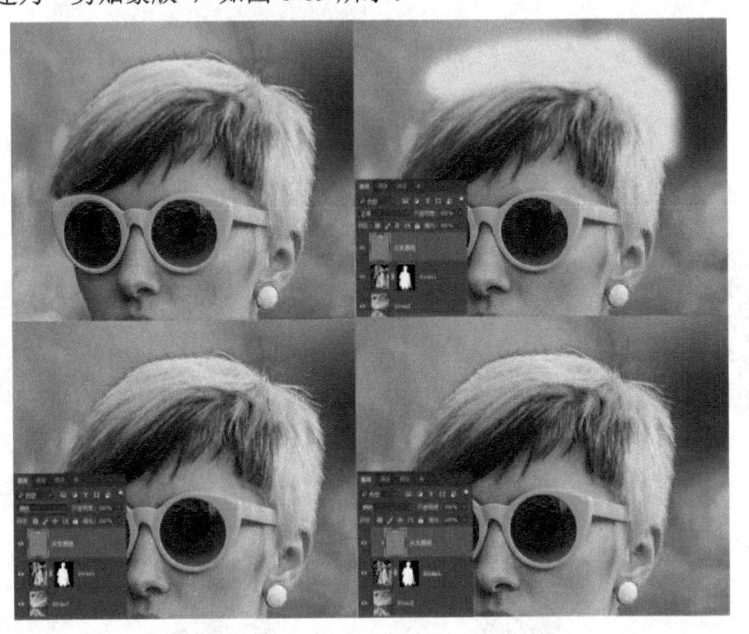

图 6-89

Step 06 修掉头顶黑色。在图层面板上新建“剪贴图层”，用吸管工具取样天空的蓝色，运用“画笔”工具，沿着头发顶部边缘涂抹，将图层模式设置为“变亮”。最终效果如图 6-90 所示。

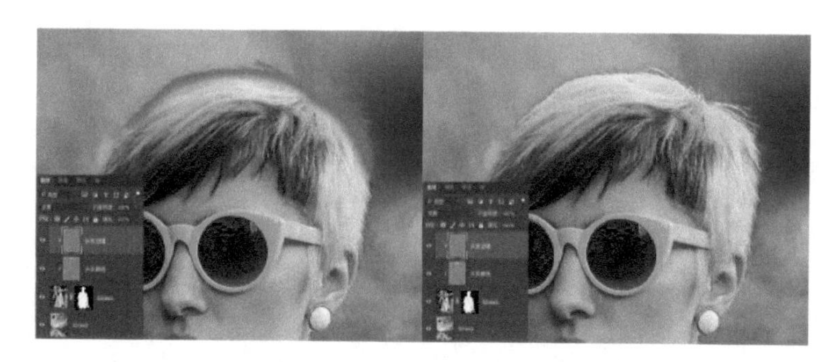

图 6-90

6.7　课堂实训 7　运用通道抠取半透明婚纱

将如图 6-91 所示的穿婚纱的人物抠取出来，与图 6-92 所示素材合成如图 6-93 所示效果。

图 6-91　素材

图 6-92　素材

图 6-93　效果图

这张图像的特点是婚纱四周界限分明，这样可以用磁性套索工具或者快速选区工具选取，其中的难点是怎样抠出半透明婚纱。在此可以用通道抠图功能抠出半透明的效果，通道抠图能在背景复杂的图片中抠出想要的图像，将不保留的背景部分填充成黑色，使用画笔工具把人物部分涂抹白，婚纱部分不动；灰色对应的部分抠出来就是半透明效果。

通道是很重要的一种选区编辑工具，主要用来保存图像的颜色信息。通道可以将选区

保存为黑白图像，然后再像编辑图像一样改变它的状态，从而获得多种多样形态的选区，在进行复杂的抠像处理时，通道是必不可少的功能。

1. 通道的分类

（1）Alpha 通道

Alpha 通道是计算机图形学中的术语，指的是特别的通道。有时，特指透明信息，但通常的意思是“非彩色”通道。Alpha 通道是为保存选择区域而专门设计的通道，是用来存放选区信息的，其中包括选区的位置、大小、是否具有羽化值或者羽化程度的大小等，通常是在图像处理过程中人为生成，并从中读取选区信息。生成一个图像文件时并不必须产生 Alpha 通道。

除了 Photoshop 的文件格式 PSD 外，GIF 与 TIFF 格式的文件都可以保存 Alpha 通道。而 GIF 文件还可以用 Alpha 通道进行图像的去背景处理。因此可以利用 GIF 文件的这一特性制作任意形状的图形。

（2）原色通道

简单来说，原色通道是保存图像颜色信息、选区信息等的场所。对于不同模式的图像，其通道的数量是不一样的。

在 Photoshop 中通道涉及 3 个模式：RGB、CMYK、LAB 模式。

- RGB 模式的图像有 4 个通道，1 个复合通道（RGB 通道）和 3 个分别代表红色、绿色、蓝色的通道；
- CMYK 模式的图像有 5 个通道：1 个复合通道（CMYK 通道）和 4 个分别代表青色、洋红色、黄色和黑色的通道；
- LAB 模式的图像有 4 个通道：1 个复合通道（LAB 通道）和 1 个明度分量通道，2 个色度分量通道。如图 6-94 所示为 CMYK 模式的图像，如图 6-95 所示为 CMYK 图像的通道。

图 6-94　CMYK 模式的图像

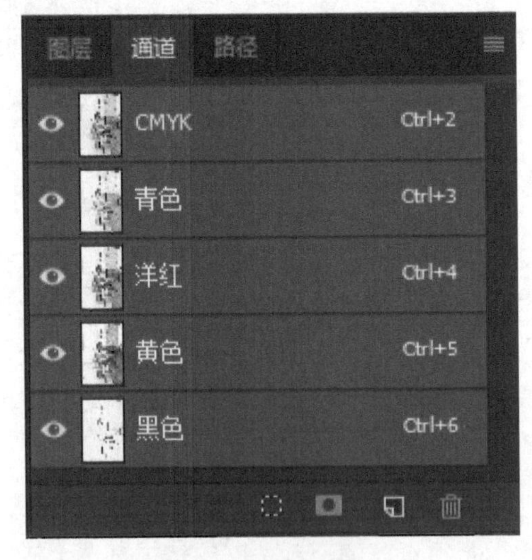

图 6-95　CMYK 通道

一张 RGB 颜色模式的图片，其颜色数据保存在红绿蓝 3 个通道中，这 3 个颜色通道合成了一个 RGB 主通道。一个标准的 RGB 文件包含 4 个内建通道，无论改变哪一个通道的颜色数据，都会立刻反应到主通道中。如图 6-96 所示为 RGB 颜色模式的原图像，如图 6-97 所示为隐藏蓝色通道的面板，如图 6-98 所示为隐藏蓝色通道后的效果。

图 6-96

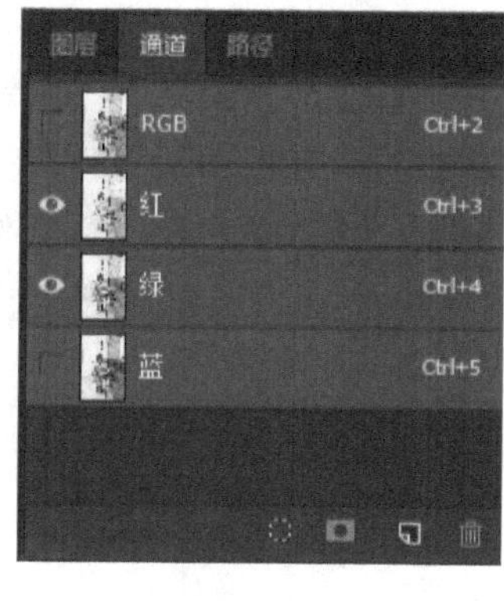

图 6-97

图 6-98

（3）专色通道

专色通道是一种特殊的颜色通道，可以使用除了青色（C）、洋红色（M）、黄色（Y）、黑色（K）以外的颜色来绘制图像。在印刷中，为了让印刷作品与众不同，经常要做一些特殊处理，如增加荧光油墨或夜光油墨、套版印制无色系（如烫金）等，这些特殊颜色的油墨（称其为“专色”）都无法用三原色油墨混合制成，这时就要用到专色通道与专色印刷。在图像处理软件中，存有完备的专色油墨列表，只须选择需要的专色油墨，就会生成与其相应的专色通道。

2. 认识通道面板

执行“窗口→通道”命令，可以显示通道面板，该面板列出了图像中的所有通道，如图 6-99 所示。

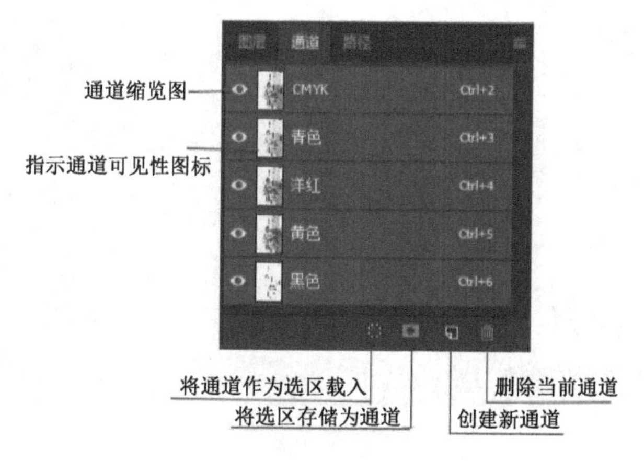

图 6-99

通过通道面板可以对通道进行创建、复制、重命名、删除等操作。

3. 通道的功能

（1）可建立精确的选区。

（2）可以存储选区和载入选区备用。

（3）可以制作其他软件（比如 Illustrator、Pagemarker）需要导入的“透明背景图片”。

（4）可以看到精确的图像颜色信息，有利于调整图像颜色。利用 Info 面板可以体会到这一点，不同的通道都可以用 256 级灰度来表示不同的亮度。

（5）印刷出版时方便传输、制版。CMYK 色的图像文件可以把其 4 个通道拆开并分别保存成 4 个黑白文件。然后同时打开并按 CMYK 的顺序再放到通道中就又可恢复成 CMYK 色彩的原文件了。

操作步骤

Step 01 将素材“喜悦.jpg”导入，用“快速选取”工具选取人物和婚纱的边缘，如图 6-100 所示。

图 6-100

Step 02 单击打开通道面板，选择黑白对比最明显的通道，这里是蓝通道对比最明显，所以选中蓝通道，如图 6-101 所示。

图 6-101

Step 03 复制一个蓝色通道。将蓝色通道拖到“创建新通道”按钮，即完成蓝色通道的复制，效果如图 6-102 所示。

Step 04 进一步增加颜色反差。让白色更白、黑色更黑。执行“图像→调整→色阶”命令，如图 6-103 所示。

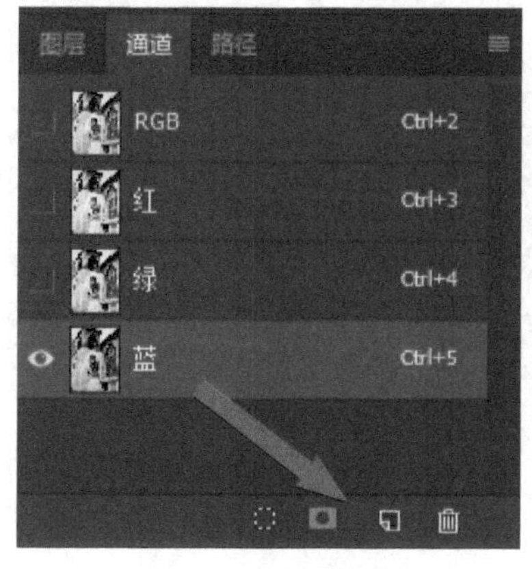

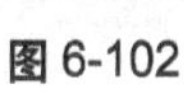
图 6-102

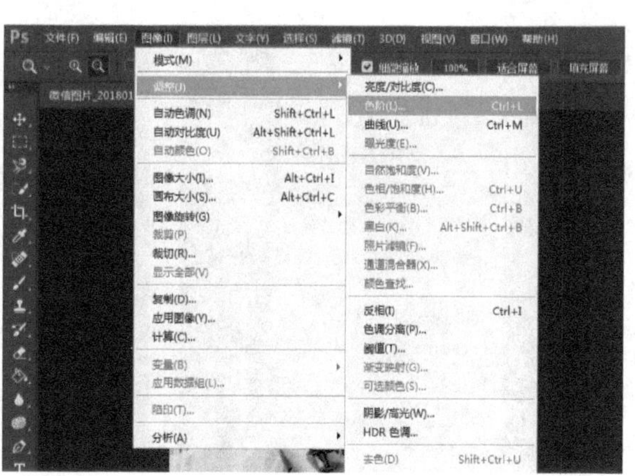

图 6-103

Step 05 在打开的“色阶”面板中，把两边的三角形往中间拉，会看到图像中白色的区域更白，黑色的区域更黑，数值如图 6-104 所示。

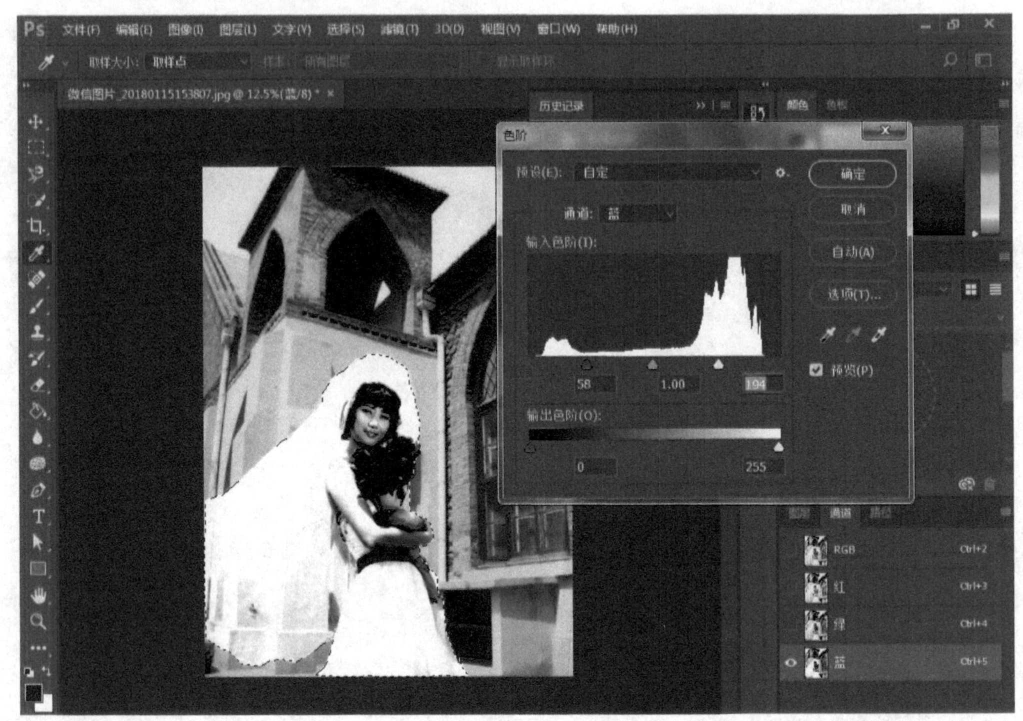

图 6-104　“色阶”对话框

Step 06 按组合键“Ctrl+Shift+I”，反选选区，即选择背景区域。

Step 07 将背景填充成黑色。执行“编辑→填充”命令，如图 6-105 所示，在弹出的“填充”窗口中将内容设置为黑色，如图 6-106 所示。将人物和婚纱以外的背景区域填充为黑色（黑色是透明色，所以要将背景涂成黑色）。填充后效果如图 6-107 所示。

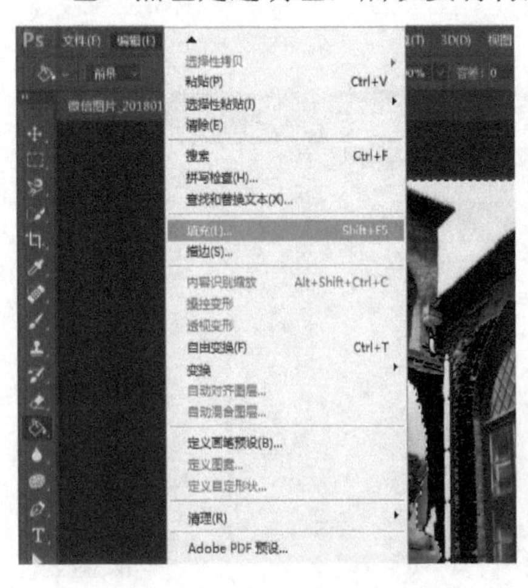

图 6-105　填充命令

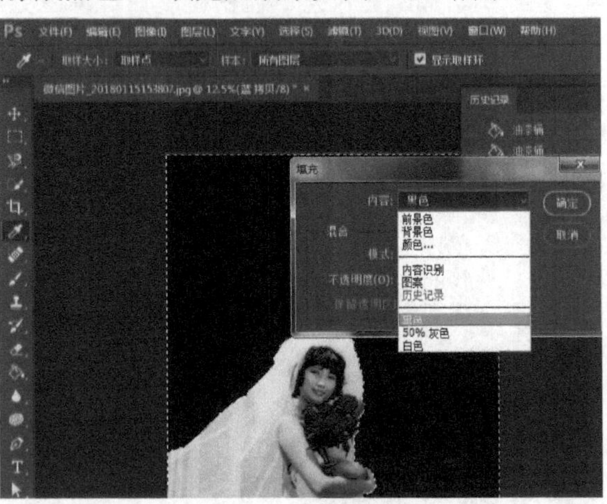

图 6-106　填充黑色

图 6-107　填充效果

Step 08 将人物和婚纱部分涂成白色。按组合键“Ctrl+Shift+I”反选选区，即选择人物和婚纱部分（这样可以防止涂抹到背景上）。然后单击选择画笔工具，将前景色调成白色，沿着选区边缘部分涂抹，涂抹边缘时画笔笔触尽量调细。然后可将画笔笔触调大，沿着人体不透明的地方涂抹，即身体部分不包括透明婚纱部分，如图 6-108 所示。

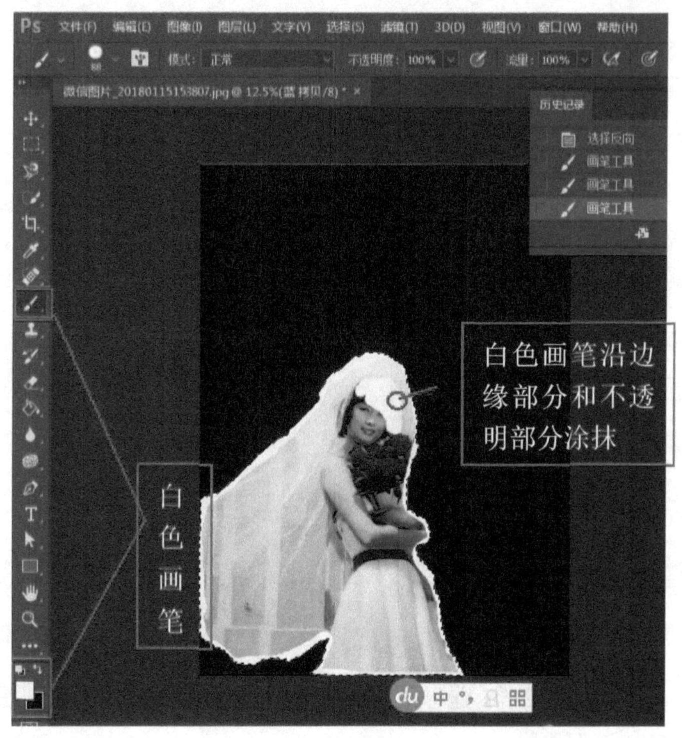

图 6-108　白色画笔涂抹

涂抹后的效果如图 6-109 所示。注意，身体不透明的地方和婚纱的边缘涂成白色，而婚纱不涂。

图 6-109　白色画笔涂抹后的效果

Step 09 单击选中 RGB 通道，注意不选蓝通道副本，如图 6-110 所示。

Step 10 回到图层面板，执行“选择→载入”命令载入选区（或者用按住 Ctrl 键的同时按鼠标左键载入选区），如图 6-111 所示。

图 6-110　选中 RGB 通道

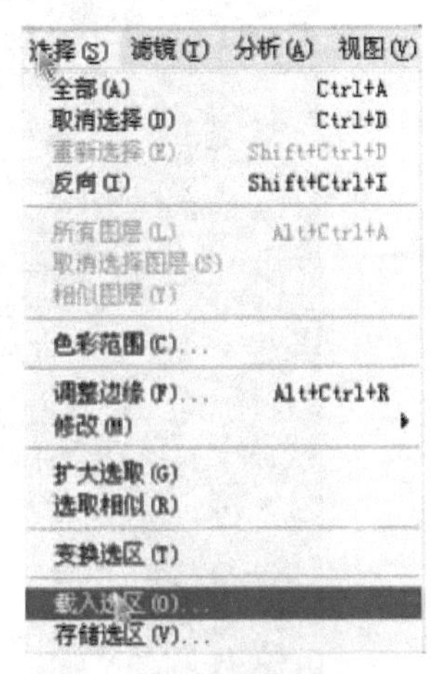

图 6-111　载入选区命令

Step 11 在弹出的“载入选区”对话框中的通道项中选择“蓝副本”通道，操作选项选择“新建选区”，如图 6-112 所示。

Step 12 执行“编辑→复制”命令，也就是复制选区，如图 6-113 所示。

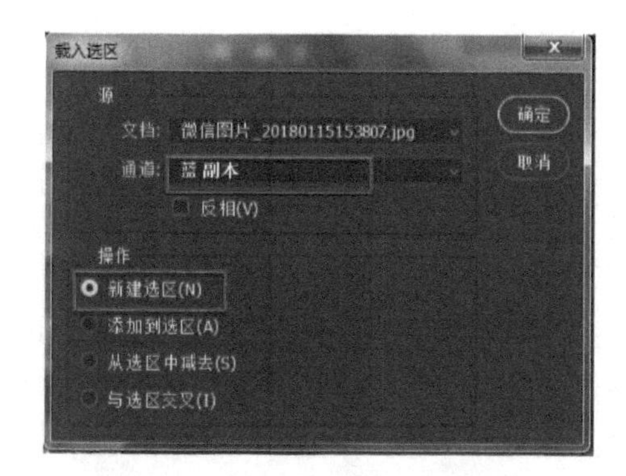

图 6-112　“载入选区”对话框

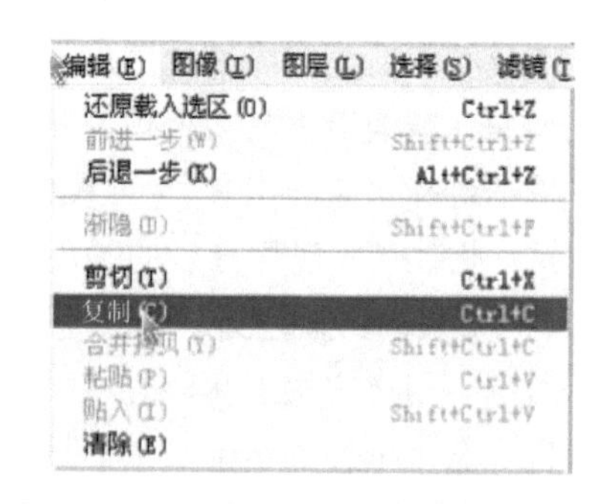

图 6-113　拷贝选区

Step 13　单击图层面板右下方的“创建新图层”按钮，新建一个图层，如图 6-114 所示。

Step 14　执行“编辑→粘贴”命令，如图 6-115 所示，将选区粘贴到新图层中，效果如图 6-116 所示。

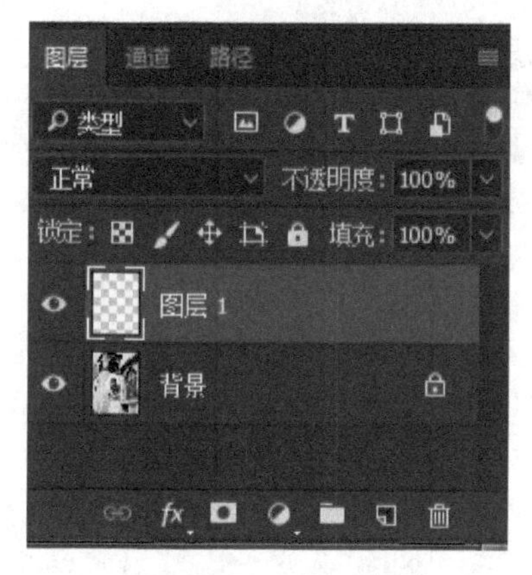

图 6-114　新建图层

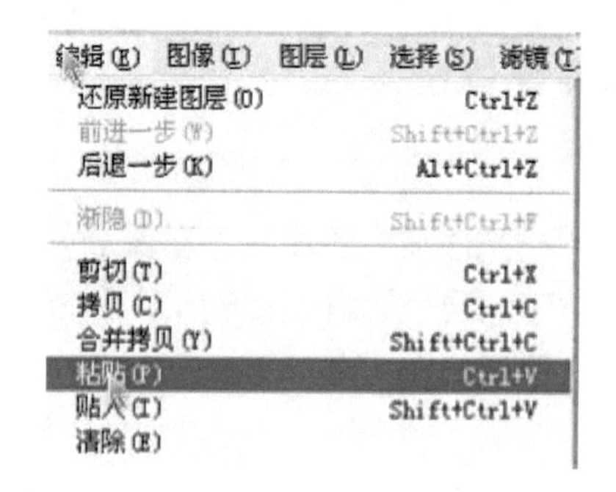

图 6-115　粘贴到新图层

Step 15　为了看得更清楚，可以添加一个背景层。在背景层和图层 1 之间添加一个枚红色的图层，效果如图 6-117 所示。

图 6-116　粘贴后缩略图

图 6-117　添加背景层效果

Step 16 通过观察发现，这张图片的不足之处主要是在半透明婚纱中可以看到原图像中白色的墙及腰身后面的黑墙处理后形成的完全透明的区域，这些可以用Photoshop的橡皮擦、加深、减淡等工具来处理。

单击选择“减淡工具”，如图6-118所示。将画笔调到50，在腰身背后的透明区域涂抹，此时会发现腰身后的颜色和婚纱的颜色接近了。单击选中橡皮擦工具，选择大小为30像素的柔边圆，不透明度为15%，流量为10%，工具的选项栏设置如图6-119所示。用橡皮擦工具轻轻擦拭婚纱白墙处，反复用橡皮擦和减淡工具修饰婚纱部分，直到整个婚纱透明区域的质地颜色均匀。

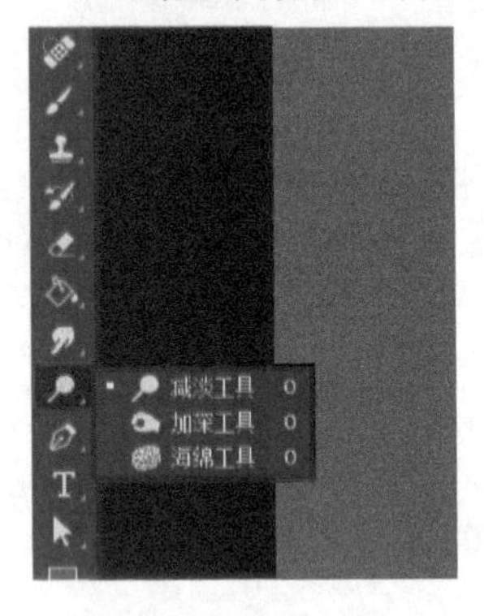

图6-118 减淡工具

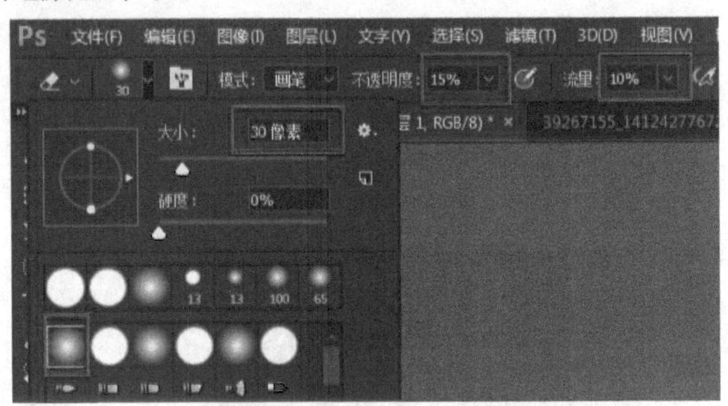

图6-119 橡皮擦工具选项

Step 17 将素材文件夹中的图片“花海.jpg”导入，双击解锁后将图片用移动工具拖到抠取图像的下一层，如图6-120所示。按组合键“Ctrl+T”将背景图片大小调整到布满全屏，其效果图如图6-121所示。

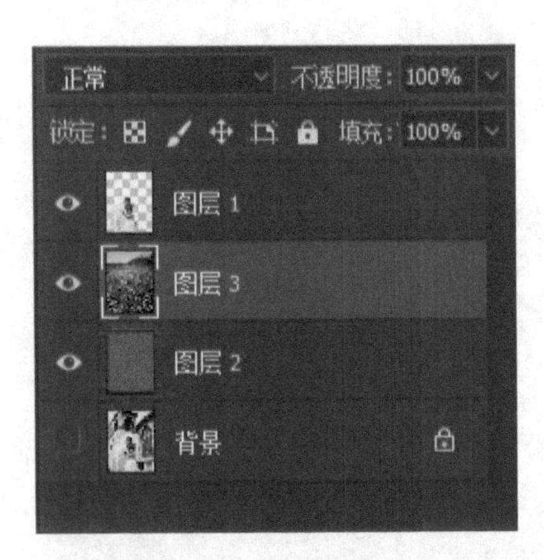

图6-120 添加背景图片

图6-121 效果图

小提示

- 复制通道时，视素材颜色而定，复制通道的标准是：选择黑白对比最明显的通道进行复制。
- 使用色阶面板拖动滑块，使黑色的地方越黑，白色的地方越白，但最好不要使背景和想要保留的图片颜色接近。
- 填充颜色时，人物也可以填充成白色，只要是人物颜色和背景颜色成黑白对比即可。如若要抠出透明色，例如婚纱尾部，可以使用“画笔”工具，把人物涂抹成与背景色相反的颜色，婚纱部分不用涂抹。
- 新建图层时，要保证人物在选区内，否则抠出的不是人物，而是背景。如有明显黑（白）边，可以执行“图层→去边→去除黑（白）色杂边”命令。如有明显锯齿，可以使用羽化功能，也可以使用高斯模糊功能，具体应视图片而定。

要点梳理

本章主要介绍了“钢笔工具”“图形工具”“路径选择工具”“直接选择工具”“路径”面板、绘制与编辑图形的方法及“通道”的知识。通过本章的学习，应熟练掌握使用“钢笔工具”抠像的技巧，运用通道抠取半透明的物体，同时熟练掌握 Photoshop CC 2017 新增功能弯度钢笔工具、焦点区域、选择并遮住等抠取复杂图像的技巧。

6.8 拓展实训

1. 试用通道抠取如图 6-122 所示素材第 6 章“年华.jpg”的人物。

2. 试用所学习的焦点区域抠取如图 6-123 所示素材第 6 章“陶醉.jpg”中的两个可爱的孩子的图像。

图 6-122　年华.jpg

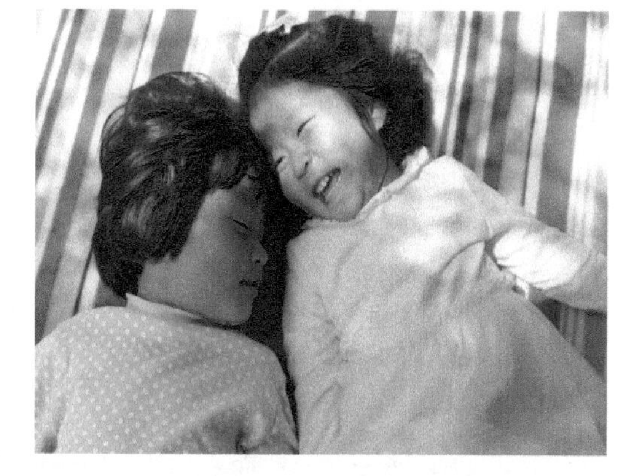

图 6-123　陶醉.jpg

课后习题 6

1．选择题

（1）在按住（　　）功能键的同时单击“路径”面板中的填充路径图标，弹出“填充路径”对话框。

A．Shift　　B．Alt

C．Ctrl　　D．Shift+Ctrl

（2）Alpha 通道最主要的用途是（　　）。

A．保存图像色彩信息　　B．保存图像未修改前的状态

C．用来存储和建立选区　　D．保存路径

（3）在“通道”面板上按住（　　）功能键可以加选通道中的选区。

A．Shift　　B.Alt　　C．Ctrl　　D.Tab

2．填空题

（1）钢笔工具的绘图方式有 3 种：_______、_______和______ 。

（2）使用_______工具可以选择单个路径锚点。

（3）复制颜色通道后常见得到的是__________。

（4）依据选区创建 Alpha 通道时，选区内的区域被转换为________ 。

人像照片美化综合应用

7.1 课堂实训1 使用 Camera Raw 快速调图技巧

任务描述

Camera Raw 是 Adobe 公司专门针对数码相机制作的一款插件，无论是新手还是经验丰富的专业人员，都能用它快速地去调整先天不足的数码照片。特别是对偏色、过曝、曝光不足的照片，调整效果非常明显。如图 7-1 所示是一幅逆光拍摄的照片，画面较为灰暗，通过在 Camera Raw 中的一系列调整，可以使画面变得焕然一新，效果如图 7-2 所示。

图 7-1

图 7-2

效果分析

这是一幅 Raw 格式的原片。照片逆光拍摄，主体人物基本上是黑色的，在调整时，应先从提高曝光入手，让人物亮起来，但由于地面太亮，所以应把高光压下去，并在此基础上，再把主体人物与周围环境做进一步的调整，使画面变得通透而协调。

知识储备

1. Raw 格式文件

Raw 意思是“未经加工”。Raw 格式是一种原始的文件格式，储存着数码摄影设备 CMOS 或者 CCD 图像感应器捕捉到的原始光源数据（包含 ISO 的设置、快门速度、光圈值、白平衡等）。因为 Raw 是未经处理，也未经压缩的格式，所以把 Raw 格式文件形象地称为“数字底片”。

由于 Raw 格式文件是直接从 CMOS 或 CCD 上获得的信息，与 JPEG 格式图像文件相比，Raw 格式文件的色彩信息几乎没有损失，包含的图像信息也更多，影调更丰富，所以看起来要比 JPEG 格式图像文件更清晰，在画面的细节表达上更细腻，为设计师后期处理提供了更加广阔的空间。

Raw 格式文件虽然比 JPEG 格式涵盖更多的影像信息，拥有更加广阔的后期处理空间，但是 Raw 格式文件占用的存储空间大，对图像处理使用的计算机配置要求也高，它的浏览和输出必须借助相关软件进行打开和转换。目前，比较常用的转换软件有 Adobe Camera Raw、Adobe Photoshop Lightroom(LR)、Apple Aperture 等。

2. Adobe Camera Raw

Adobe Camera Raw 简称 ACR，是 Adobe 公司为 Photoshop 设计的一款插件——目前已经成为其内置的滤镜。该插件拥有非常强大的整体调整、局部处理、预设和批处理等功能，ACR 插件使 Photoshop 能够处理不同数码相机所生成的 Raw 格式文件和 JPEG 图像文件。

（1）Adobe Camera Raw 界面

在 Photoshop 中执行“滤镜”→“Adobe Camera 滤镜……”命令，可以打开 Adobe Camera Raw 界面。如图 7-3 所示为 Adobe Camera Raw 各功能区的分布图。

（2）Adobe Camera Raw 的基本功能

Camera Raw 界面的顶部显示的是 Adobe Camera Raw 插件的版本信息和在拍摄该图片时所使用的相机型号

Adobe Camera Raw 插件的工具条里共有 16 种工具，如图 7-4 所示，从左往右分别是“缩放工具”“抓手工具”“白平衡工具”“颜色取样器工具”“目标调整工具”“裁剪工具”“拉直工具”“变换工具”“污点去除”“红眼去除”“调整画笔”“渐变滤镜”“径向滤镜”“打开首选项”“逆时针旋转 90° ”和“顺时针旋转 90° ”。通过这些工具，可以放大或缩小画面，简单修正画面的白平衡，对画面的局部利用曲线做一些调整，对画面进行“二次构图”裁剪，修正画面的畸形、修正画面中的小瑕疵、去除红眼，甚至还可以加上渐变滤镜，功能很强大。

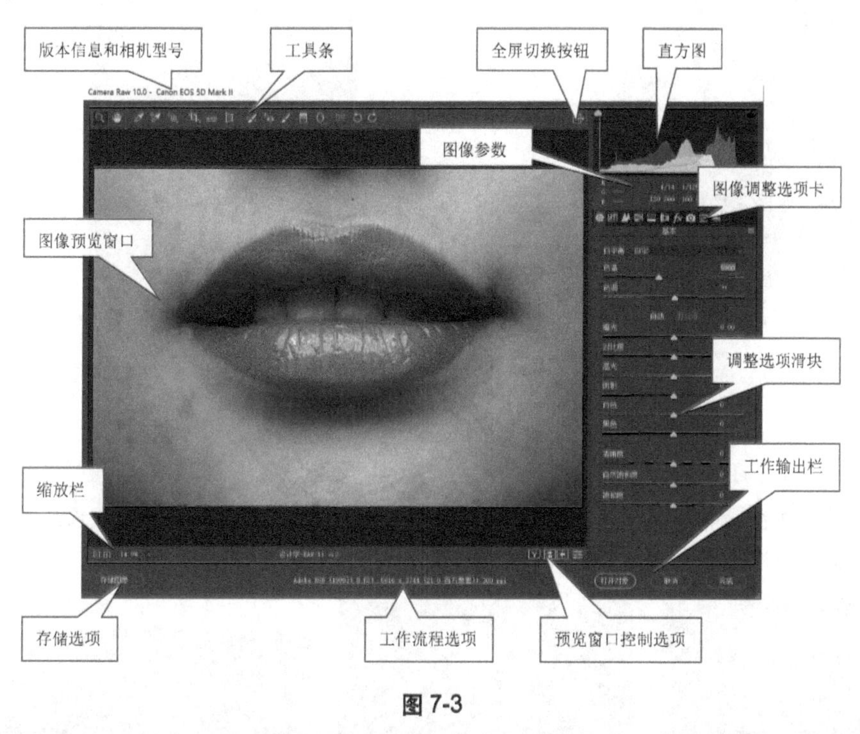

图 7-3

图 7-4

在界面右上角“直方图” 面板中，通过打开上方的两个三角形按钮，可以帮助观察画面是否存在过曝和欠曝的现象，过曝的区域在画面中会以红色显示，欠曝的区域会以蓝色显示。

当然，对于 Adobe Camera Raw 插件来说，最强大的功能还是体现在图像调整选项卡中，从左往右共有 10 个面板选项，分别是“基本”“色调曲线”“细节”“HSL/灰度”“分离色调”“镜头校正”“效果”“相机校准”“预设”和“快照”面板。利用这些面板，可以对画面的整体或局部的光线、色彩进行处理。

在“基本”面板中，如图 7-5 所示，可以调节画面的白平衡、色温和色调，可以调节“曝光”“对比度”“高光和阴影”“白色与黑色”“清晰度”和“自然饱和度和饱和度”等项目。

“色调曲线”面板如图 7-6 所示，按照亮度等级，可以分别对画面的 4 个不同区域进行调整，有参数曲线和点曲线两种形式。

“细节”面板如图 7-7 所示。通过“细节”面板可以对画面进行锐化和减少杂色（降噪）处理，锐化处理能让画面变得更清晰，减少杂色处理可以让画面色彩变得更加柔和细腻，颜色过渡更加自然。

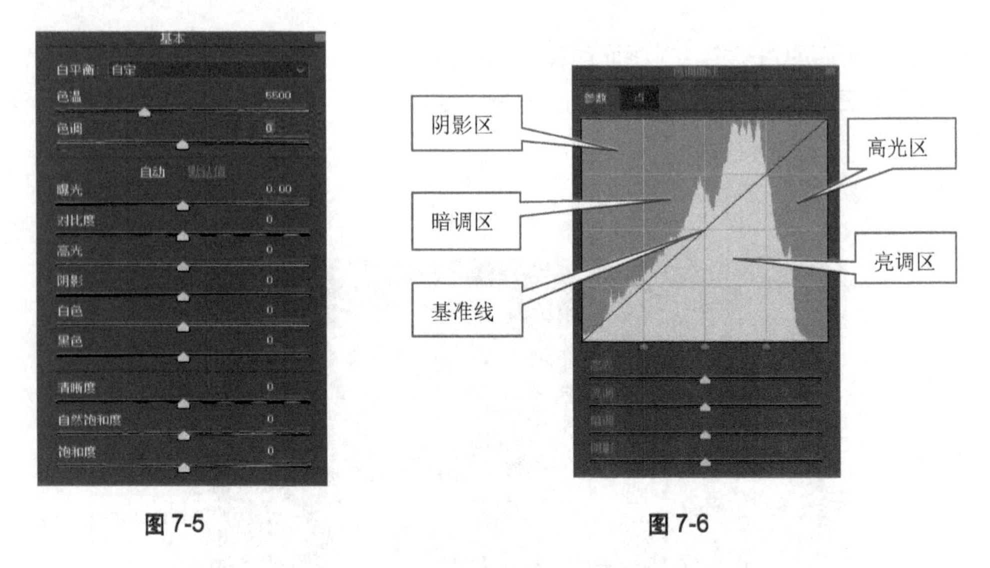

图 7-5　　图 7-6

通过“HSL / 灰度”面板可以按照不同颜色，调整画面中每个颜色的色相、饱和度和明亮度，如图 7-8 所示。

通过“分离色调”面板可以对高光和阴影的色调和饱和度分别做一些调整，同时可以通过中间的平衡滑块划定高光和阴影的范围，如图 7-9 所示。

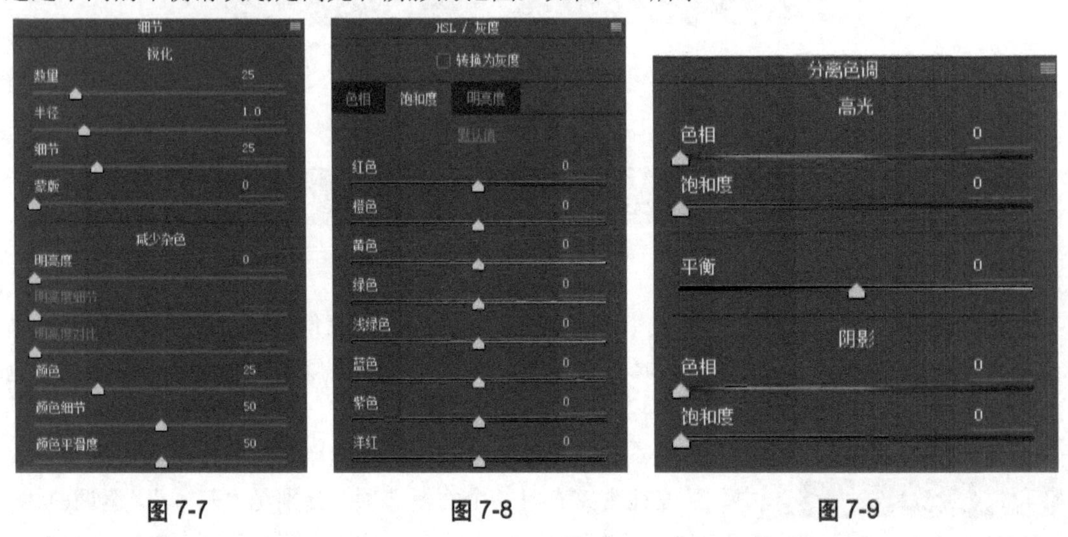

图 7-7　　图 7-8　　图 7-9

通过“镜头校正”面板可以利用镜头配置文件对画面的畸变进行校正。如图 7-10 所示，可以手动调整画面的扭曲畸变，去除画面的亮边和色差，增加或减少画面的镜头晕影。

通过“效果”面板可以去除薄雾，使画面颜色清晰，也可以添加颗粒和剪裁后晕影，营造一种旧照片的胶片感，如图 7-11 所示。

通过“相机校准”面板可以根据相机配置预设对画面的整体颜色做一些调整，也可以通过对阴影和单个原色进行调整，如图 7-12 所示。

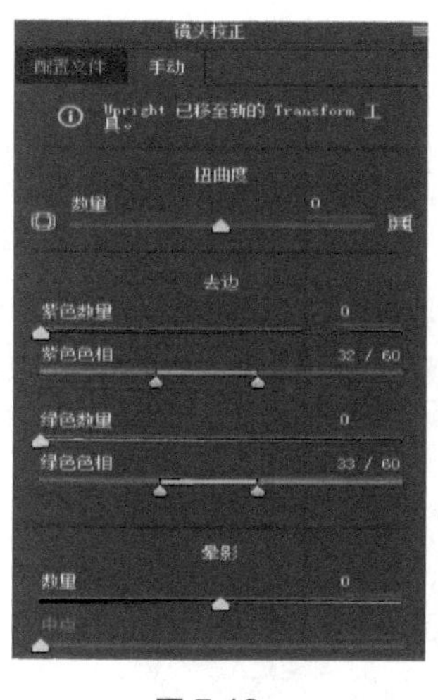

图 7-10

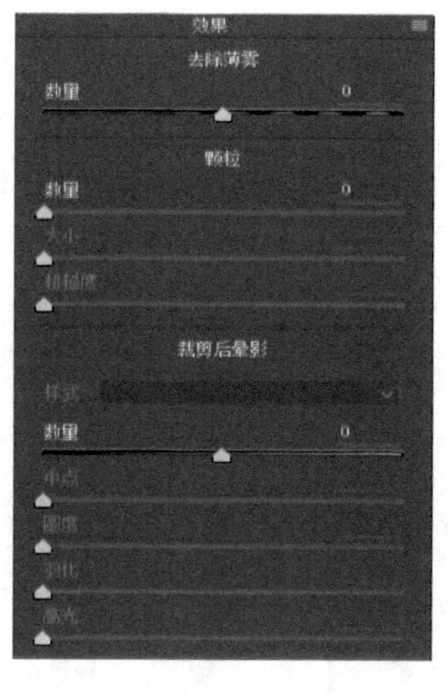

图 7-11

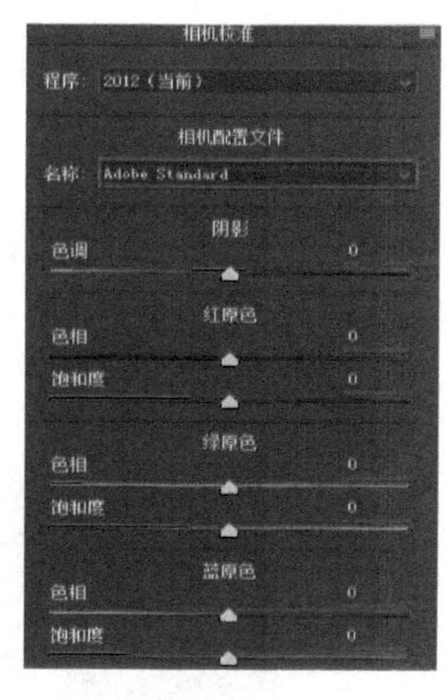

图 7-12

（3）使用 Adobe Camera Raw 时的设置

在使用 ACR 进行一些设置时，单击 ACR 底部画线的文字，打开工作流程选项面板，在上面进行预设、色彩空间、调整图像大小、输出锐化、在 Photoshop 中打开的模式等一些重要的设置。如图 7-13 所示为“工作流程选项”面板。

选择“在 Photoshop 中打开为智能对象”选项后会发现工作输出栏相应地出现了“打开对象”按钮，可以方便在 PS 和 ACR 中切换处理图像。

利用 Camera Raw 窗口下方的“存储选项”按钮，可以完成 Raw 格式照片的存储。单击“存储图像”按钮，打开“存储选项”对话框，如图 7-14 所示。通过“存储选项”对话框中可以设置存储文件的位置、文件名称、存储格式、色彩空间、调整图像大小及输出锐化等选项。

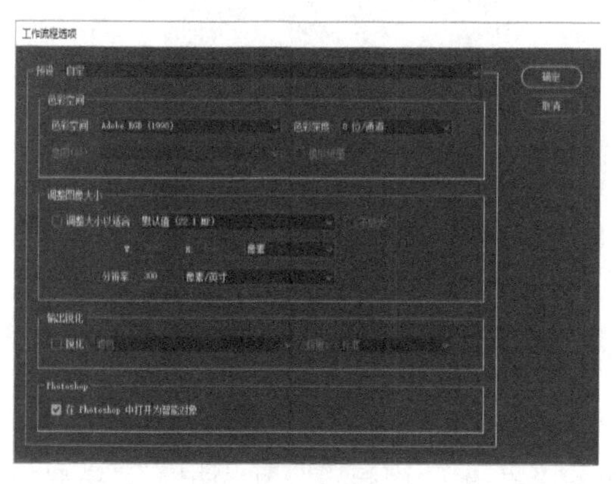

图 7-13

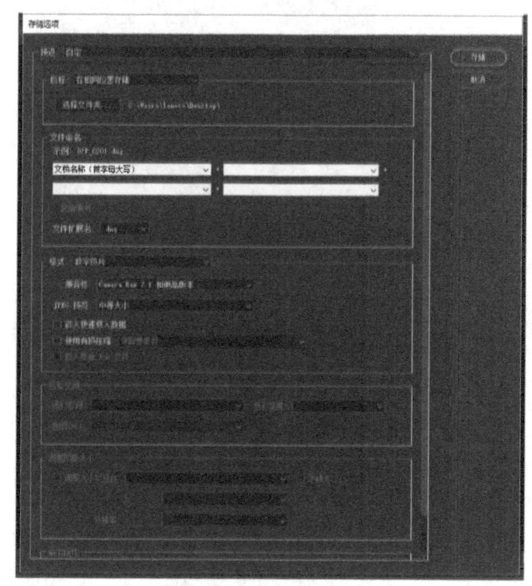

图 7-14

操作步骤

Step 01 在 Adobe Camera Raw 中打开逆光“婚纱.CR2”素材文件，在“基本”面板中，先调整白平衡，提升色温，把曝光提高，让主体人物亮起来。因为地面的高光过亮，所以应压低高光，提亮阴影，弱化白色、黑色，把画面暗部的色彩层次显示出来，降低对比度和清晰度，使整个画面更柔和。具体参数设置如图 7-15 所示，效果如图 7-16 所示。

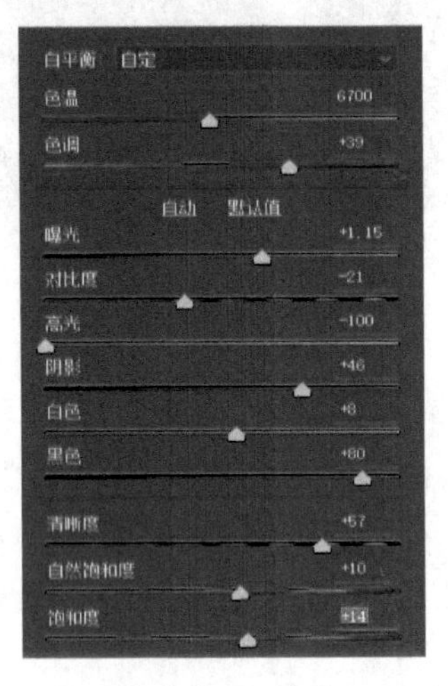

图 7-15

图 7-16

Step 02 在“色调曲线”面板中，通过对参数曲线和点曲线图的调整，对画面的亮部和暗部做一下修正，具体参数如图 7-17、图 7-18 所示。

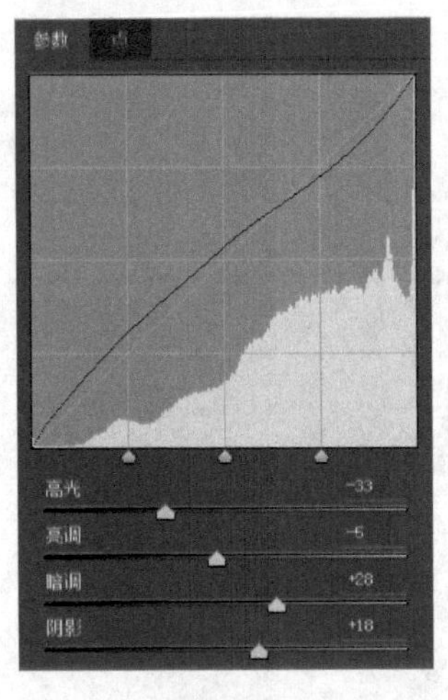

图 7-17

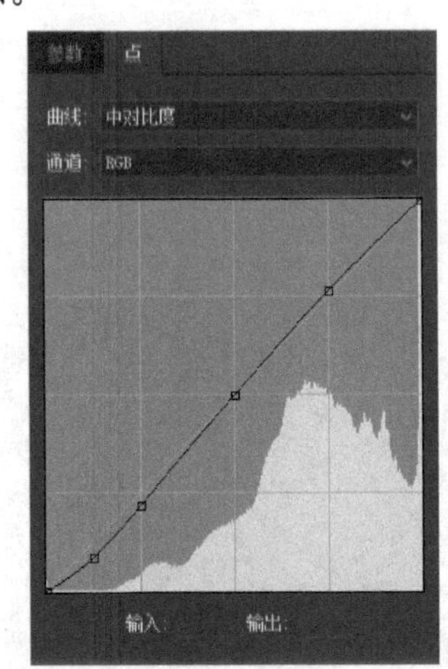

图 7-18

Step 03 进入“HSL/灰度”面板，逐个调整颜色的“色相”“饱和度”和“明度”，主要是人物的肤色和其他后面操作无关的颜色不要动，调整参数如图 7-19～图 7-21 所示。

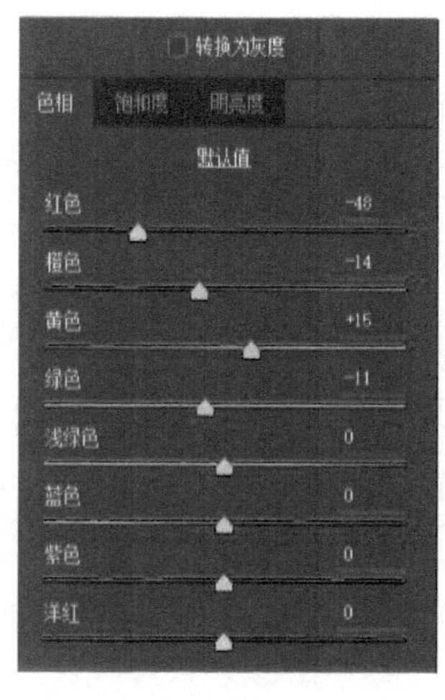

图 7-19

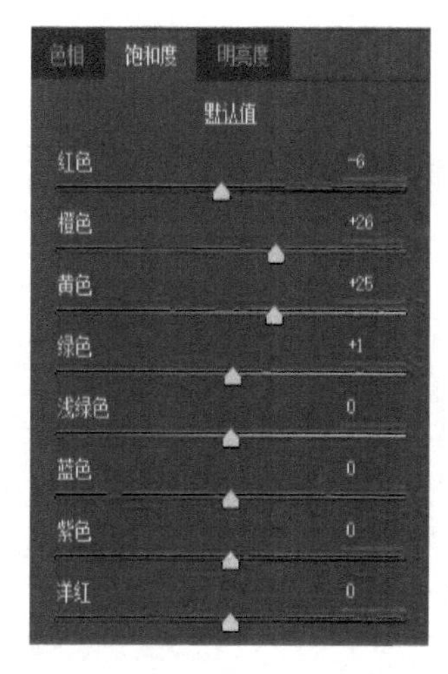

图 7-20

图 7-21

Step 04 在“分离色调”面板中，设定“高光”和“阴影”的颜色，使高光和阴影具有一定的色彩倾向，具体参数如图 7-22 所示。

Step 05 在“细节”面板中，对画面做“锐化”和“减少杂色”处理，使画面变得清晰，具体参数如图 7-23 所示。基本的色调调整到这里也就完成了。

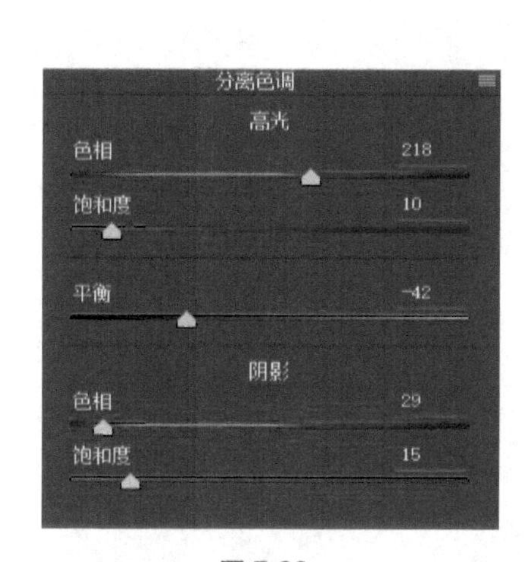

图 7-22

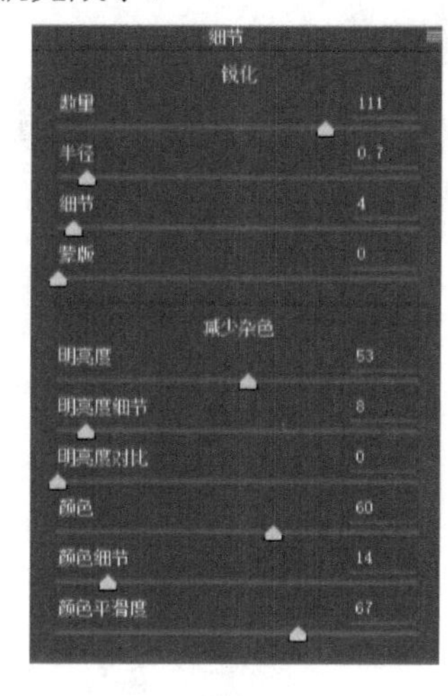

图 7-23

知识拓展

调图的技巧：

（1）在调图时要对图像认真观察，对于最终想要的效果要做到心中有数；

（2）调图时要确定画面的主体色调，从主体色调出发进行调图；

（3）调图时要明确画面的主体物，按照以主体物为主、其他为辅的原则进行调图；

（4）调图时要多做练习，多次尝试，反复对比，参数不是唯一的；

（5）调图时尽量服从画面的真实色彩，画面色彩尽量统一，不要过于丰富，否则造成一种“花乱”的感觉；

（6）Photoshop 中的许多功能都有交叉，调图时不管使用哪种方法，都应以最快达到目的为好，切忌贪多求全，造成事倍功半的后果。

要点梳理

1. 先从白平衡出发，尽量还原照片应有的面貌；
2. 通过“基本”面板，对高光、亮部、阴影、暗部及整体色彩做大致的调整；
3. 通过“色调曲线”面板，对上一步操作效果进行修正；
4. 通过“HSL/灰度”面板，对颜色色相、饱和度、明度做局部细致调整；
5. 通过“分离色调”和“细节”等面板对画面的高光、阴影、锐化等做整体调整。

7.2 课堂实训 2　婚纱照套用模板的技巧

任务描述

在进行一番精心选片和选版之后，对于影楼的美术师来说，接下来一项重要的工作，就是要考虑如何给婚纱照配上各种精美的模板。如图 7-24 所示，这是一个婚纱照的商业模板，接下来看一下如何给婚纱照套用模板。

图 7-24

婚纱模板是影楼后期处理流程中的一个重要组成部分，套版时 Photoshop 通常处于分层模式，也就是背景与模板样片是分离的，这样便于后期快速插入照片。在商业化运营的影楼中，后期制作追求简单快速，这是影楼很重要的原则，因此套用设计好的婚纱模板是不可或缺的选择。

1. 套版

套版，顾名思义就是套用现成模板。对于婚纱模板，可以购买成熟的商业模板，也可以自主设计。大型影楼通常会对内部模板进行分类，因此熟悉公司模板分类是非常重要的。作为影楼的美工，一定要熟悉公司的模板存放位置，熟悉公司的图库、素材及文字的存放位置，并对其进行类别的划分，便于在进行照片后期处理时，快速、准确地找到合适的版面。

2. 套版的种类

（1）画框套版。照片完全套现成的画框，这类版，往往花样很多，元素丰富，但限于固定的画框，所以略显呆板。

（2）融图套版。融图类套版是一种自由排版，只提供一张背景图片，完全没有画框的限制，直接把放入照片的周围虚化，与背景融合，照片过渡非常自然。

如图 7-24 所示，以“爱在花田”商业模板为例，来介绍一下套版的两种情况是怎样的。

操作步骤

Step 01 在 Photoshop 中打开要套版的婚纱照片，根据照片的特点选择合适的模板，一并在 Photoshop 工作区打开，如图 7-25 所示。观察整个套版文件，发现是由一个背景层加上多个图形层（有些套版为示例照片）组成的，每个图形层可以单独移动，可以单独调整大小和位置。

Step 02 选择移动工具，逐个选中婚纱照片并拖动到套版文件中，在套版文件中自然生成照片层，如图 7-26 所示。

> **小提示**
>
> 如果在套版中一次插入很多的照片，为了方便找到插入的照片，建议给每个照片层都重新命名或排序。

图 7-25

图 7-26

Step 03 选中照片层，分别拖到将要放入的图形层上边，分别执行“图层”→“创建剪切蒙版”命令或按住 Alt 键，在照片层和图形层中间点一下，为照片创建一个被下面图形层剪切的效果，如图 7-27 所示。

Step 04 选中照片层，分别执行“编辑”→“自由变换”命令或按组合键“Ctrl+T”，按住 Shift 键并拖动照片的 4 个角点之一调整照片的大小，使之适合于下面的剪切图形，最后用移动工具调整到合适的位置，效果如图 7-28 所示。

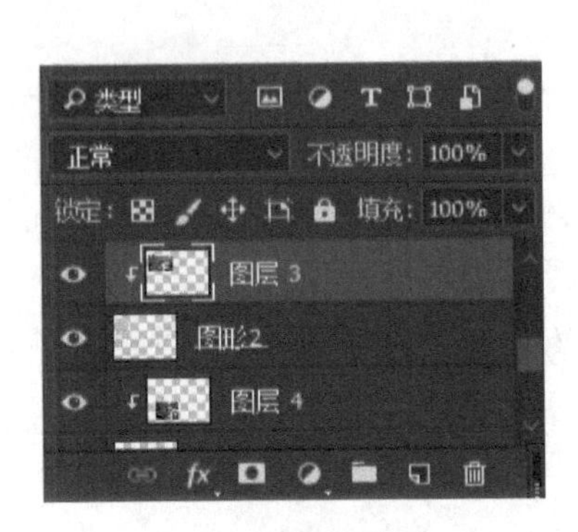

图 7-27

图 7-28

Step 05 以上是套用固定框版的方法，如果需要做融图的效果，就需要用蒙版图层了。选择右侧单人照片图层，先删掉图层下的剪切图形层，单击“添加矢量蒙版工具”，给照片加一层蒙版，如图 7-29 所示。

Step 06 选择“渐变工具”，在工作区上方属性栏里选择线性渐变，将前景色设置为白色，背景色设置为黑色，选择“从前景色向背景色渐变”，单击并按住鼠标左键从人物的身体向左侧拖动，效果如图 7-30 所示。

Step 07 可以看到右侧的单人照的左侧同背景融合在一起了，配上文字后可使画面更丰富。效果如图 7-24 所示。

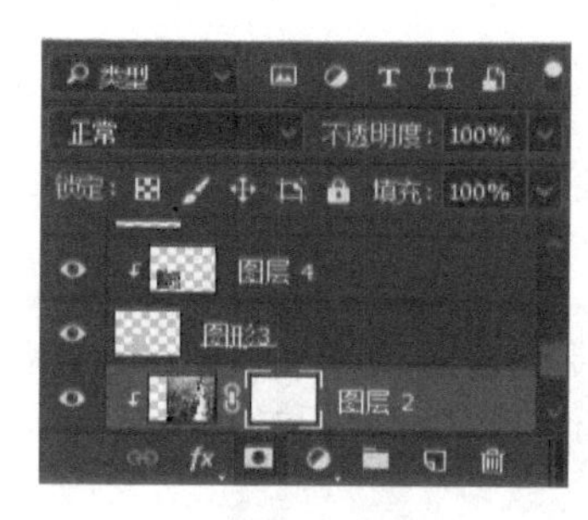

图 7-29

图 7-30

知识拓展

1. 选用或制作套版的基本原则

（1）色彩要尽量丰富，避免单调，做到引人注目；
（2）整套相册版面避免单一，版面设计风格要注重变化；
（3）在使用婚纱模板时，不要被套版框住思维，要依据照片的特点进行版式变化。

2. 优秀套版的特点

（1）突出主体照片，其他照片要与之相得益彰；
（2）颜色搭配灵活，整体色调符合照片设计主题，颜色避免“花乱”；
（3）合理运用文字及图案等素材丰富画面、美化版面。

要点梳理

1. 创建剪切图层时，要把导入的照片拖放到剪切图形层上紧挨着的一层。
2. 做融图效果时，需要在融图的图层上加一个图层蒙版，注意黑色代表画面要去掉的部分，白色代表要保留的部分。

7.3 课堂实训 3 婚纱照片处理流程

任务描述

如图 7-31 所示，阳光下沙滩上，一对新人手牵着手，含情脉脉地互望着对方……然而，灰蒙蒙的颜色让画面的效果大打折扣。经过后期处理，同样一幅照片，却呈现出不同的风采。其最终效果如图 7-32 所示。

效果分析

这幅照片的原片构图、美姿都很到位，幸福感溢于言表，但占据大面积的天空过于苍白，主体人物的面部灰暗，浪漫氛围营造得不够。通过对照片特点的分析，决定以打造黄昏浪漫色彩作为后期处理的出发点。

图 7-31

图 7-32

操作步骤

Step 01 在 Photoshop 中打开“婚纱照.CR2”素材图，如图 7-33 所示，Photoshop 会打开 Adobe Camera Raw 插件（在 Photoshop 首选项中预设），但这时发现照片是横向放置的，所以应先单击工具条中 “逆时针旋转图像 90°” 图标，把照片改为竖向放置。

Step 02 调整画面的白平衡，降低色温，压低画面的曝光度、高光和白色，提高阴影和黑色，目的是让天空丰富起来，让景色更有层次，同时增加一点对比度和清晰度，让人物变得更加丰满、清晰，增加一点饱和度，让画面颜色鲜艳起来。调整参数如图 7-34 所示，调整效果如图 7-35 所示。

图 7-33

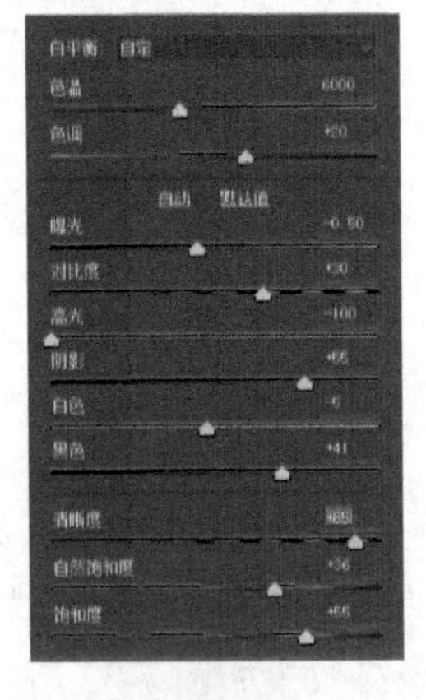

图 7-34

Step 03 放大图像，在“相机校准”面板中调整阴影、红原色和蓝原色，改变人物的肤色和天空的颜色。调整参数如图 7-36 所示。

图 7-35

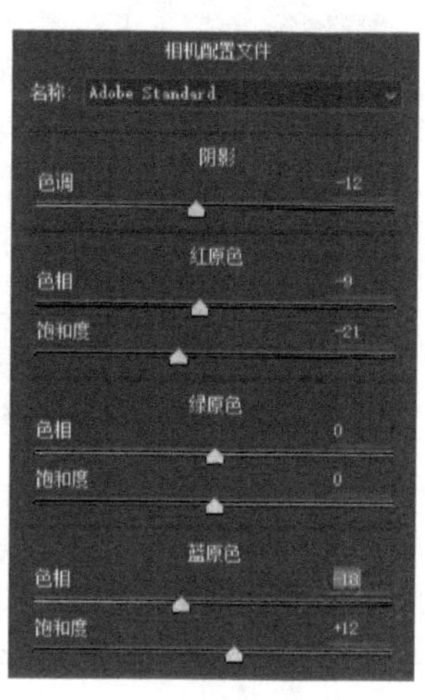

图 7-36

Step 04 回到“色调曲线”面板，调整一下亮部与暗部颜色范围，提高一点暗部的范围。使暗部颜色加深、加暖一些，其参数如图 7-37～图 7-39 所示，调整效果如图 7-40 所示。

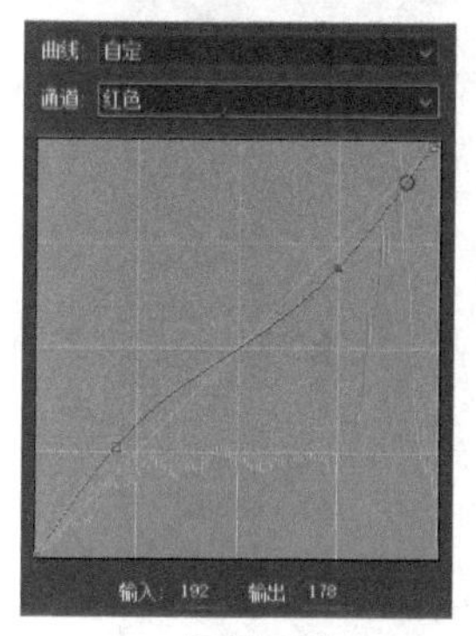

图 7-37

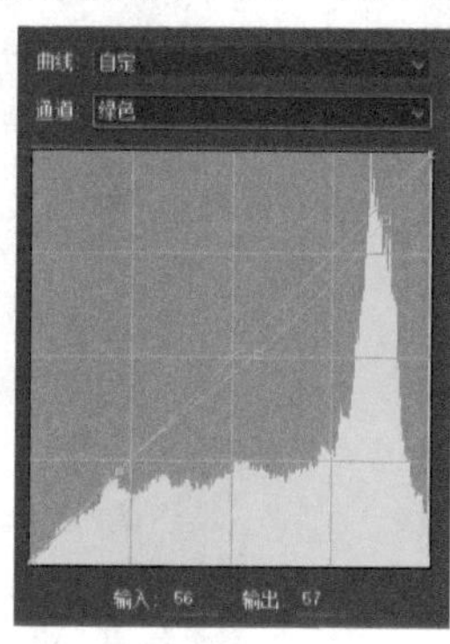

图 7-38

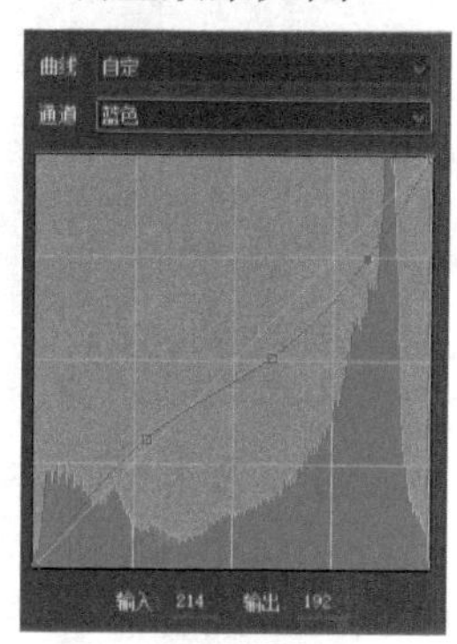

图 7-39

Step 05 调整画面局部的色彩，打开“HSL/灰度”面板，调整各个颜色的色相、饱和度、明度，使每个颜色尽量满足要求。具体参数如图 7-41～图 7-43 所示。

图 7-40

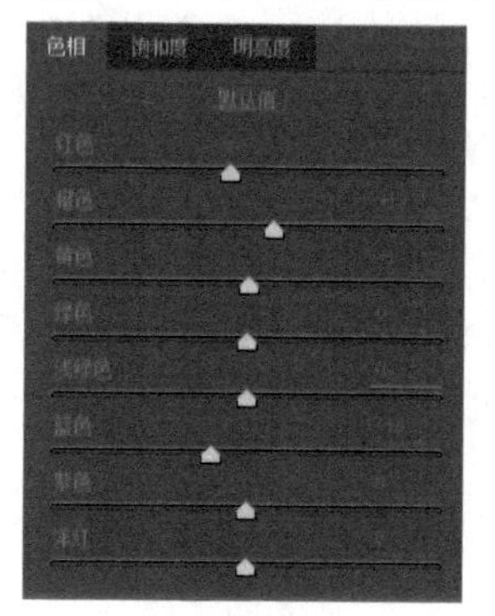

图 7-41

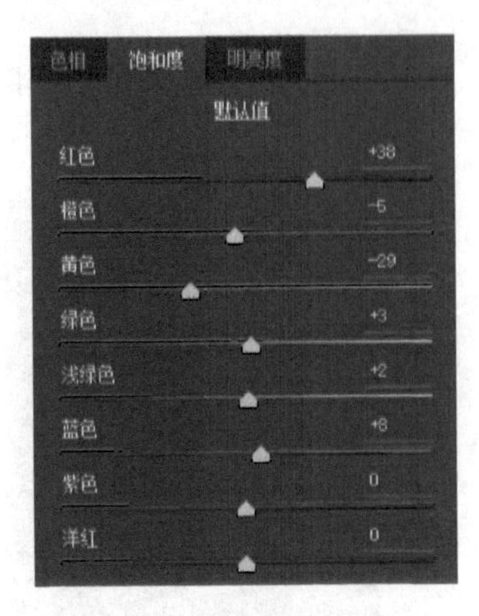

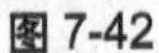
图 7-42

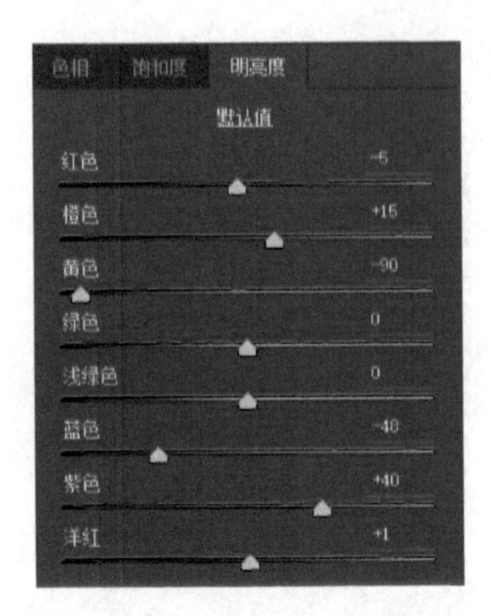

图 7-43

Step 06 打开“细节”面板，调整 “锐化”“减少杂色”，让画面变得清晰一些，并使人物面部变得细腻，参数如图 7-44 所示。在“分离色调”面板中，分别在“高光”和“阴影”中加入黄色和蓝紫色，参数如图 7-45 所示。此时，亮部和暗部颜色都丰富起来了，调图初步完成，效果如图 7-46 所示。

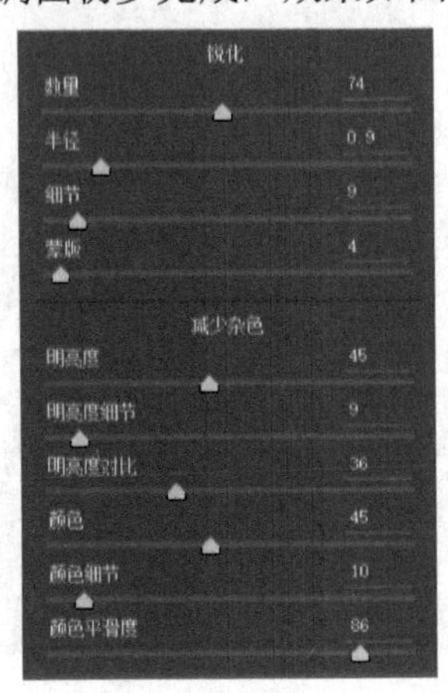

图 7-44

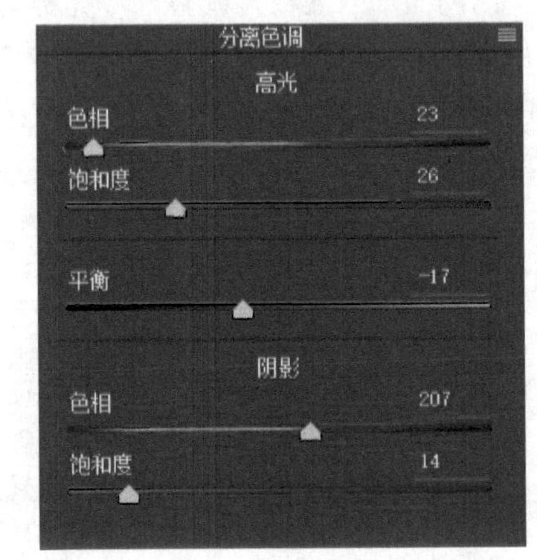

图 7-45

Step 07 进入修图环节，这一部分主要是观察局部细节有什么瑕疵，对图上一些不和谐的颜色和形体做一些修饰。选择打开对象，在 Photoshop 中打开这幅图，复制当前图层，将污点修复画笔工具和仿制图章工具结合起来对画面上的一些污点、沙滩上的蓝色垃圾、婚纱上的沙土和穿帮的灯光照出的影子做一下处理，如图 7-47 所示。

Step 08 按组合键“Ctrl+Shift+Alt+E”盖印图层生成图层 1，如图 7-48 所示。在图层混合模式中选择“柔光”，使画面在明亮的基础上再加深一下对比，增加一些油画色彩的味道，效果如图 7-49 所示。

图 7-46

图 7-47

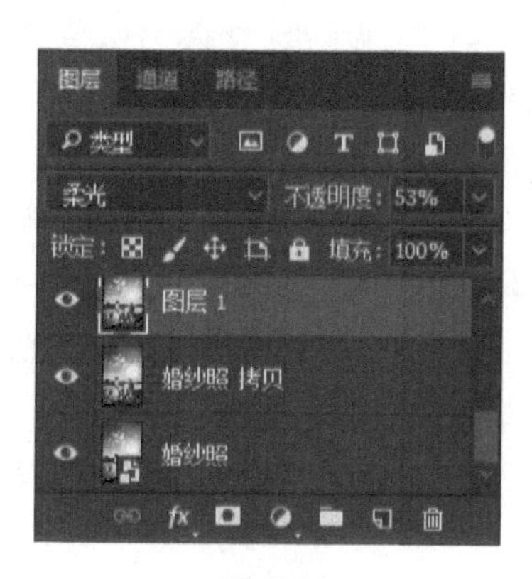

图 7-48

图 7-49

Step 09 再次按组合键“Ctrl+Shift+Alt+E”盖印图层1生成图层2，用套索工具选择天空部分，羽化为30像素，如图7-50所示。新建图层3，选择前景色为#ffffb5，选择从前景色向背景色渐变，从天空底部向上填充，压一下太阳的亮光，将图层混合模式设为“正片叠底”，营造一下夕阳的感觉，效果如图7-51所示。

图 7-50

图 7-51

Step 10 用“磁性套索工具”选取女主角的上半身，复制并粘贴形成图层4，新建图层5，拖动图层5到图层4的下方，找一个羽毛笔刷，给女主角加上翅膀，效果如图7-32所示。

知识拓展

1. 婚纱照片处理整体流程

（1）画面整体构图调整。大多数照片是不需要重新构图调整的，因为一个有经验的摄影师在拍摄照片时，已经充分考虑了构图的因素，但是因为思考的时间有限，个别照片还是需要进行二次构图的；

（2）使用Camera Raw滤镜，对于相机拍出的原片进行初步的调图，进行画面白平衡、曝光度、对比度、色相、饱和度、明度、锐度等基本的色彩倾向调整，依据原始照片的特点，确定风格色调。对于室内影棚拍摄的作品，调图发挥的空间较大，对于室外拍摄的作品，建议还要考虑尽量保留自然景色，不要让画面颜色损失过多。

（3）对拍摄过程中的一些穿帮镜头要局进行部的细节修饰、美化。如对于粗糙的皮肤，可以做一下“磨皮”处理；对于一些不好看的形体，可以做一下“液化”处理等。

（4）细部色彩调整。选取影响画面主体的个别颜色，做一些削弱处理，相反对主体起烘托作用的色彩，做一些强化处理，以增强它的效果；

（5）整体色彩调整。充分利用调整图层、颜色混合模式、滤镜等方式，做出需要的色彩效果。

2. 图层混合模式

“混合模式”是Photoshop中设置的众多图层调整选项之一，主要包括“颜色混合模式”“图层混合模式”“通道混合模式”3类，三者之间有细微的差别，但原理都是相同的，下面重点介绍一下图层混合模式。

图层混合模式在Photoshop中经常运用，被广泛应用在影楼照片调色和版面设计中。图层混合模式就在图层面板的上方，图层混合模式决定了当前图层与下一图层的合成方式，如图7-52所示。图层混合模式共有27种选项，按照特点分为6个组。灵活运用好Photoshop中的图层混合模式，可以创造出丰富多彩的叠加及着色效果。

首先，在学习这么多项混合模式之前，要明确一个概念，那就是“基色”“混合色”“结果色”的关系，即“基色”+“混合色”=“结果色”。这里的混合色就是指当前图层的颜色，基色就是当前图层的下一层的颜色，结果色就是工作区呈现的颜色。如图7-53所示，选择几幅儿童摄影作品作为基色，新建图层，填充色板中蜡笔洋红（R=241 G=158 B=194）作为混合色。

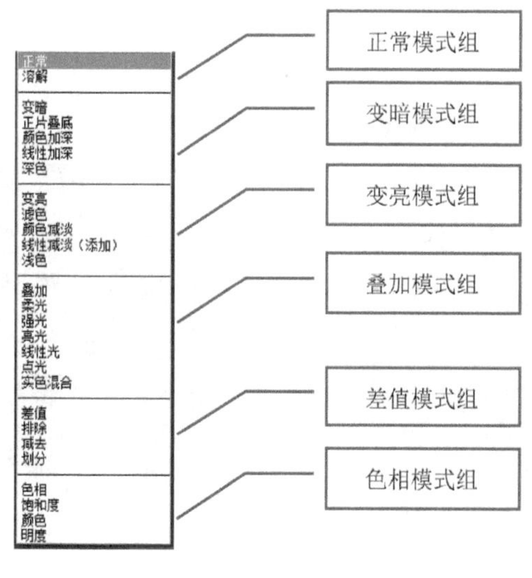

图 7-52

（1）正常模式（Normal）

这是图层混合模式的默认模式，在“正常”模式下，“结果色”的显示与“混合色”不透明度的设置有关。当“混合色”不透明度为 100%时，也就是说完全不透明时，“结果色”的像素将完全显示为“混合色”；当“混合色”不透明度小于 100%时，基色的像素就会透出来，显示的程度取决于“混合色”的颜色与不透明度的设置。如图 7-54 所示是将“混合色”不透明度设为 60%的效果。

图 7-53

图 7-54

（2）溶解模式（Dissolve）

在溶解模式中，根据像素位置的不透明度，“结果色”由“基色”或“混合色”的像素随机替换，“结果色”通常呈现颗粒状或粗糙化的线条边缘。当“混合色”没有羽化边缘，而且具有一定的透明度时，“混合色”将溶入到“基色”内。如果“混合色”没有羽化边缘，并且不透明度为 100%，那么溶解模式不起任何作用。如图 7-55 所示是将“混合色”不透明度设为 60%的效果。

（3）变暗模式（Darken）

在变暗模式中，比较每个通道中的颜色信息，并选择“基色”或“混合色”中较暗的颜色作为“结果色”。比“混合色”亮的像素被“混合色”替换，比“混合色”暗的像素保持不变。如果用白色作为混合色，那么底层的“基色”将不会有变化。如图 7-56 所示是将“混合色”不透明度设为 100%的效果。

图 7-55

图 7-56

（4）正片叠底模式（Multiply）

在正片叠底模式中，考察每个通道中的颜色信息，并将“基色”与“混合色”叠加，“结果色”总是较暗的颜色，类似现实中的颜料混合（减光混合）。任何颜色与黑色正片叠底将产生黑色。任何颜色与白色正片叠底将保持不变。其实就是将“基色”颜色与“混合色”颜色逐个通道相乘再除以 255，便得到了“结果色”的颜色值。如图 7-57 所示是将“混合色”不透明度设为 100%的效果。

（5）颜色加深模式（Color Burn）

在颜色加深模式中，查看每个通道中的颜色信息，并通过增加对比度使“基色”变暗以反映“混合色”，如果与白色混合时将不会产生变化。如图 7-58 所示是将“混合色”不透明度设为 100%的效果。

图 7-57

图 7-58

（6）线性加深模式（Linear Burn）

在线性加深模式中，查看每个通道中的颜色信息，并通过减小亮度使“基色”变暗以反映“混合色”。如果“混合色”与“基色”中的白色混合后就不会产生变化。线性加深模式创建的效果和正片叠底模式创建的效果比较类似。如图 7-59 所示是将“混合色”不透明度设为 100%的效果。

（7）深色模式（Darker Color）

在深色模式中，查看“基色”和“混合色”的信息，选取其中较深的颜色作为“结果色”，所以不会产生新的颜色。如图 7-60 所示是将“混合色”不透明度设为 100%的效果。

图 7-59

图 7-60

（8）变亮模式（Lighten）

在变亮模式中，查看每个通道中的颜色信息，并选择“基色”或“混合色”中较亮的颜色作为“结果色”。比“混合色”暗的像素被“混合色”替换，比“混合色”亮的像素不变。在这种与变暗模式相反的模式下，较淡的颜色区域在最终的“结果色”中占主要地位，因此总的灰度级升高，造成变亮的效果。如图 7-61 所示是将“混合色”不透明度设为 100%的效果。

（9）滤色模式（Screen）

滤色模式与正片叠底模式正好相反，它将图像的“基色”颜色与“混合色”颜色结合起来（类似加光混合），产生比这两种颜色都浅的第 3 种颜色，类似一种漂白的效果，“结果色”总是较亮的颜色。用黑色混合，颜色保持不变，用白色混合，将产生白色。如图 7-62 所示是将“混合色”不透明度设为 100%的效果。

图 7-61

图 7-62

（10）颜色减淡模式（Color Dodge）

在颜色减淡模式中，查看每个通道中的颜色信息，并通过减小对比度使“基色”变亮以反映“混合色”（与黑色混合，则不发生变化）。颜色减淡模式类似于滤色模式创建的效果。如图 7-63 所示是将“混合色”不透明度设为 100%的效果。

（11）线性减淡模式（Linear Dodge）

在线性减淡模式中，查看每个通道中的颜色信息，并通过增加亮度使“基色”变亮以反映“混合色”（但是与黑色混合，则不会发生变化）。如图 7-64 所示是将“混合色”不透明度设为 100%的效果。

图 7-63

图 7-64

（12）浅色（Lighter Color）

查看基色和混合色的信息，选取其中较浅的颜色作为“结果色”，所以不会产生新的颜色。如图 7-65 所示是将“混合色”不透明度设为 100%的效果。

（13）叠加模式（Overlay）

叠加模式，把“基色”颜色与“混合色”颜色相混合产生一种新的中间色。“基色”内颜色比“混合色”颜色暗的颜色使“混合色”颜色突出，比“混合色”颜色亮的颜色将“混合色”颜色遮盖，而“基色”内的高光部分和阴影部分保持不变，因此对黑色或白色像素着色时“叠加”模式不起作用。如图 7-66 所示是将“混合色”不透明度设为 100%的效果。

图 7-65

图 7-66

（14）柔光模式（Soft Light）

柔光模式会产生一种柔光照射的效果。如果“混合色”颜色比“基色”颜色的像素更亮一些，那么“结果色”颜色将更亮；如果“混合色”颜色比“基色”颜色的像素更暗一些，那么“结果色”颜色将更暗，使图像的亮度反差增大。如图 7-67 所示是将“混合色”不透明度设为 100%的效果。

（15）强光模式（Hard Light）

强光模式将产生一种强光照射的效果。如果“混合色”比“基色”颜色的像素更亮一些，那么“结果色”颜色将更亮；如果“混合色”颜色比“基色”颜色的像素更暗一些，那么“结果色”颜色将更暗。它的效果要比柔光模式更强烈一些，同叠加模式一样。如图 7-68 所示是将“混合色”不透明度设为 100%的效果。

图 7-67

图 7-68

（16）亮光模式（Vivid Light）

亮光模式下，通过增加或减小对比度来加深或减淡颜色，具体取决于“混合色”。如果“混合色”比 50% 灰色亮，则通过降低“基色”对比度变亮。如果混合色比 50% 灰色暗，则通过增加“基色”对比度变暗。如图 7-69 所示是将“混合色”不透明度设为 100%的效果。

（17）线性光模式（Linear Light）

在线性光模式下，通过增加或减小亮度来加深或减淡颜色，具体取决于“混合色”。如果“混合色”比 50% 灰色亮，则通过增加“基色”亮度变亮。如果混合色比 50% 灰色暗，则通过减小“基色”亮度使图像变暗。如图 7-70 所示是将“混合色”不透明度设为 100%的效果。

图 7-69

图 7-70

（18）点光模式（Pin Light）

点光模式其实就是替换颜色，其具体取决于“混合色”。如果“混合色”比 50% 灰色亮，则替换比“混合色”暗的像素，而不改变比“混合色”亮的像素。如果“混合色”比 50% 灰色暗，则替换比“混合色”亮的像素，而不改变比“混合色”暗的像素。如图 7-71 所示是将“混合色”不透明度设为100%的效果。

（19）实色混合模式（Hard Mix）

在实色混合模式中，查看每个通道的颜色信息，根据“混合色”替换颜色，如果“混合色”比 50%的灰色亮，则替换“混合色”为白色，反之，则为黑色，使图像产生色调分离或阈值的效果。如图 7-72 所示是将“混合色”不透明度设为100%的效果。

图 7-71

图 7-72

（20）差值模式（Difference）

在差值模式中，查看每个通道中的颜色信息，差值模式是将图像中“基色”颜色的亮度值减去“混合色”颜色的亮度值，如果结果为负，则取正值，产生反相效果。由于黑色的亮度值为 0，白色的亮度值为 255，因此用黑色着色不会产生任何影响，用白色着色则产生被着色的原始像素颜色的反相。差值模式创建背景颜色的相反色彩。如图 7-73 所示是将“混合色”不透明度设为100%的效果。

（21）排除模式（Exclusion）

排除模式与差值模式相似，但是具有低对比度和低饱和度的特点。比用差值模式获得的颜色要更柔和、更明亮一些。其中与白色混合将反转“基色”值，成为“反相”效果，而与黑色混合则不发生变化。如图 7-74 所示是将“混合色”不透明度设为100%的效果。

图 7-73

图 7-74

（22）减去模式（Subtract）

查看各通道的颜色信息，“基色”的数值减去“混合色”，与差值模式类似，如果“混合色”与“基色”相同，那么结果色为黑色。如果“混合色”为白色则“结果色”为黑色，如“混合色”为黑色则“结果色”为“基色”不变。如图 7-75 所示是将“混合色”不透明度设为100%的效果。

（23）划分模式（Divide）

查看每个通道的颜色信息，并用“基色”分割“混合色”。“基色”数值大于或等于“混合色”数值，“结果色”颜色为白色。“基色”数值小于“混合色”，“结果色”比“基色”更暗，因此“结果色”对比非常强。如图 7-76 所示是将“混合色”不透明度设为100%的效果。

图 7-75

图 7-76

（24）色相模式（Hue）

色相模式只用“混合色”颜色的色相值进行着色，而使饱和度和亮度值保持不变。该模式可将“混合色”的颜色应用到“基色”图像中，但要注意的是色相模式不能用于灰度模式的图像。如图 7-77 所示是将“混合色”不透明度设为 100%的效果。

（25）饱和度模式（Saturation）

饱和度模式的应用方式与“色相”模式相似，它只用“混合色”颜色的饱和度值进行着色，而使色相值和亮度值保持不变。当“基色”颜色与“混合色” 颜色的饱和度值不同时，才能使用“混合色”进行着色处理，在无饱和度的区域上（也就是灰色区域中）用“饱和度”模式是不会产生任何效果的。如图 7-78 所示是将“混合色”不透明度设为 100%的效果。

图 7-77

图 7-78

（26）颜色模式（Color）

颜色模式是将“混合色”的色相和饱和度应用到“基色”图像中，并保持“基色”的亮度。颜色模式可以看成是“饱和度”模式和“色相”模式的综合效果。该模式能够使黑白图像的阴影或轮廓透过着色的颜色显示出来，产生某种色彩化的效果，对于给单色图像上色和给彩色图像着色都会非常有用。如图 7-79 所示是将“混合色”不透明度设为 100%的效果。

（27）明度模式（Luminosity）

在明度模式中，可将“混合色”的亮度应用于“基色”图像中，并保持“基色”图像的色相与饱和度。“基色”与黑色混合得到黑色，“基色”与白色混合得到白色，“基色”与不同亮度灰色混合，“结果色”呈现不同亮度的“基色”。如图 7-80 所示是将“混合色”不透明度设为 100%的效果。

图 7-79

图 7-80

要点梳理

1．调图时使用 Camera Raw，可以方便地调节整体和局部的色彩；

2．转到 Photoshop 中进行图像处理时，最好先复制一层背景层，以防止误操作造成无可挽回的局面；

3．使用图层混合模式时，要清楚自己的操作目的，柔光模式是让画面在明亮的基础上明暗反差加大，正片叠底模式是让画面在颜色混合的基础上变暗；

4．在参与图层混合的图层上面进行其他操作时，最好先按组合键“Ctrl+Shift+Alt+E”盖印图层，以免对图层混合效果造成影响。

7.4 拓展实训

1．将原图素材图 7-81 做成图 7-82 所示的插画效果

图 7-81

图 7-82

操作要点

（1）打开图片，复制背景层，执行“图像”→“调整”→“通道混合器”命令选择单色复选框（灰色，红45，绿64，蓝17），执行“滤镜”→“风格化”→“查找边缘”命令，执行“图像”→“调整”→“色阶”命令，去掉杂点；

（2）将图层混合模式设为“叠加”，填充不透明度为50%；

（3）在背景层上加色阶调整图层，调整输出色阶（0，+150），按组合键“Ctrl+Shift+Alt+E”盖印图层；

（4）执行“图像”→“调整”→“可选颜色”命令，对红、黄两色彩进行微调，制作完成。

2．将素材图7-83做成图7-84所示的油画艺术效果

图7-83

图7-84

操作要点

（1）打开图片，复制背景层，执行 “滤镜”→“模糊”→“高斯模糊”命令，半径设为6；

（2）再次复制背景层，将图层模式设为强光；

（3）新建图层，选择填充工具，填充图案（深色粗织物176像素×178像素，灰度模式），将图层模式设为“混合模式”“正片叠底”，制作完成。

课后习题7

选择题

（1）下面选项中，对图层之间混合模式说法正确的一项是(　　)。

A．图层混合模式，实际就是在当前图层添加了某种图层样式

B．图层混合模式，实际上就是在当前图层与当前图层之下的图层均添加了某种图层样式

C．图层混合模式，实际就是两个图层之间特殊的叠加效果

D．图层混合模式，对图层有不可恢复的损伤

(2) 关于几种图层混合模式，下列说法不正确的一项是(　　)。

A．图层混合模式的变暗模式，就是将当前图层与其下一个图层进行比较，只允许下面图层中比当前图层暗的区域显示出来

B．图层混合模式的变亮模式，就是将当前图层与其下一个图层进行比较，只允许下面图层中比当前图层亮的区域显示出来

C．图层混合模式的溶解模式，可以使当前图层的完全不透明区域和半透明区域的图像像素散化

D．图层混合模式的颜色模式，就是将当前图层中的颜色信息（色相和饱和度）应用到下面的图层中

(3) 下面对“正片叠底”(Multiply)模式的描述正确的是(　　)。

A．将基色的像素值和混合色的像素值相乘，然后再除以 255 得到的结果就是结果色

B．像素值取值范围在 0～100

C．任何颜色和白色执行“正片叠底”（Multiply）模式后结果都将变为黑色

D．通常执行“正片叠底”（Multiply）模式后颜色加深

第8章

影楼数码照片综合处理

8.1 影楼后期工作流程

影楼摄影的过程大致分为接单、化妆、现场拍摄及后期制作等环节。后期制作位于整个流程的最后一个环节，意味着设计好的作品将直接面向消费者。因此，设计效果的好坏很大程度上影响着消费者的满意程度。由于各种条件的制约，摄影师拍摄照片时，经常会发生欠曝、过曝、色差、偏色等问题，这种情况下就可以先利用后期制环节进行修正，再对矫正后的照片进行美化与设计，弥补前期拍摄中的一些不足，挽回一些损失。可以这样说，一张好的照片，三分靠拍摄，七分靠后期。

照片完成拍摄后，摄影部人员将客片复制到公司计算机，与设计部人员进行交接。此时，客片正式进入后期制作阶段。设计部人员要注意将客片从存储盘备份出来，单独进行设计操作，不要在原片上直接改动，以防止由于失误造成的客片损坏。

1. 选片

客户选片前，设计师要先对备份出来的客片进行筛选，对有“眨眼”“模糊”等明显问题无法修改的片子进行删除；接着对一些前期拍摄有光线问题的照片，进行大致调整；对有明显“穿帮”问题的片子进行裁切，以备客户挑选。

2. 分配

客户选片后，设计师根据客户选择的照片数量及所选相册的页数进行分配，大致计算出每页相册使用的照片数量。具体分配原则根据以下细节来划分：

- 按照客户造型来分配；
- 按照拍摄背景来分配；
- 按照人物关系来分配；

- 按照设计风格来分配；
- 按照客户特殊要求分配。

3. 套版

（1）套版的含义

如何对分配好的照片进行排版是后期制作中的一个重要环节。在商业运作模式下，充分印证了“时间就是金钱”这句话。在保证设计质量的前提下，尽量提高排版的速度，成为设计师追求的目标。除了平时要注意对设计素材分类保存，以便设计时可以快速拿来使用以外，直接对照片套版，是一个简单高效的选择。

套版就是套用提前设计、制作好的模板。模板分为自主设计模板和商业模板（通常都是收费的）两类。设计师可以根据具体需要进行选择。如图 8-1 所示，背景、小框背景、底图、文字及装饰图层就是提前设计好的模板图层（如图 8-2 所示为模板效果图）。如图 8-3 所示，设计师把两张修好的“单人”“双人”照片，快速地插入到提前设计好的模板源文件中，稍微进行调整就可以入册使用了（如图 8-4 所示为应用模板效果图）。

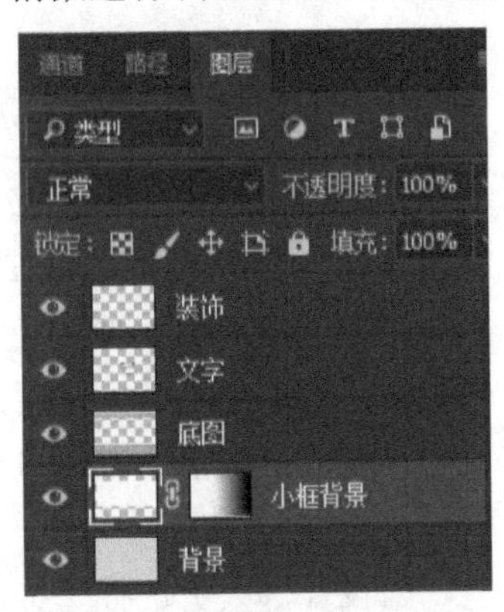

图 8-1

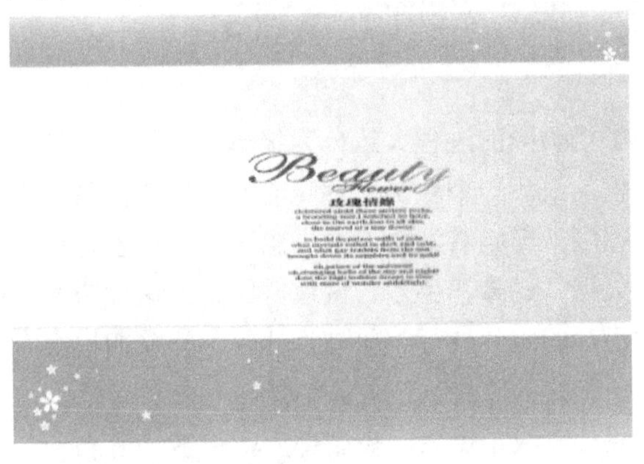

图 8-2

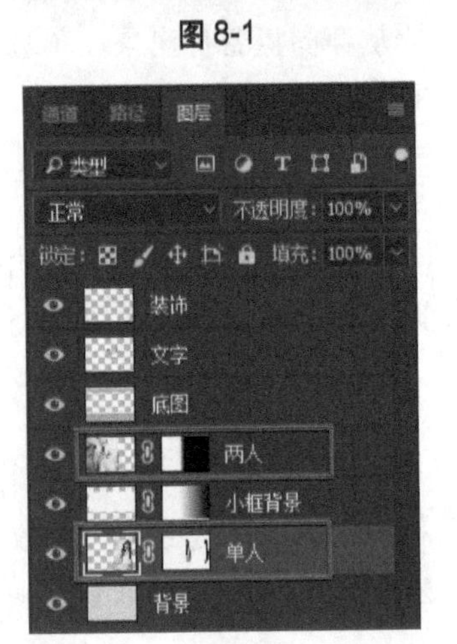

图 8-3

图 8-4

（2）套版的基本原则

- 根据造型风格选择模板，模板主题不能与造型冲突；
- 整套相册的版面设计风格要有变化，不能过于相似，造成审美疲劳；
- 设计以突出人物为主，不能让背景喧宾夺主；
- 颜色搭配要符合设计主题，使画面看起来协调自然，不能过于杂乱；
- 合理搭配设计素材，如文字的选择既要与照片相关联，又要达到美化版面的作用。

（3）套版的步骤

①前期调色、修片；

②根据客户选择的相册尺寸新建内页文件；

③选择合适模板；

④构图（根据需要裁切照片）；

⑤调整模板（使之与照片合理融合）。

8.2 模板的版式设计

1. 版面构图

人物的构图并不是一个简单的排放、罗列的过程，还要考虑排放过程中如何与背景及整个画面融为一体。人物与画面的融合，首先来自于设计师对照片的认识程度。另外，设计师的审美理念也会起到至关重要的作用。版面的构成形式是根据图片、文字、色彩、空间、比例等因素和特定的需要，按照视觉习惯和美感原则，对版面进行组织构成和编排。

2. 构图法则

视觉流程线，即视觉跟随版面设计的各个元素运动的轨迹线。不同的视觉流程安排，会带来版面整体旋律的改变。排版的基本原则是将重要的图片安排在注意力和价值高的位置。在排版设计时，如果照片的方向、大小、形状都是高度重复的，这种整齐、规律的排列，难免给人呆板、平淡、缺乏趣味的感觉。为了打破这种千篇一律的感觉，在排版构图时，可以安排一些交错和重叠的部分，运用多种视觉流程线，使设计更加生动、鲜明。常用的轨迹线可以归为以下几种类型。

（1）单向视觉流程线

单向视觉流程线是最基本的构图法则之一，版面结构简单、有力、易接受，主要分为横向、竖向和斜向构图。

① 横向构图

将画面设计元素沿着水平方向进行分布，给人稳定、恬静的感觉（如图 8-5 所示）。

图 8-5

② 竖向构图

将画面设计元素沿着垂直方向进行分布，给人坚定、延伸的感觉（如图 8-6 所示）。

图 8-6

③ 斜向设计

将画面设计元素沿着倾斜方向进行分布，给人新奇、有冲击力的感觉（如图 8-7 所示）。

图 8-7

（2）曲线视觉流程线

曲线视觉流程线不像单向视觉流程线那样简单直观，却给设计带来了很多韵味，体现了曲线美，富有变化性。曲线流程线的形式并不固定，大致可分为回旋形“S”流程线和弧线形“C”流程线。S 形流程线灵活动感，C 形流程线有方向性更具张力（如图 8-8 所示为 S 形流程线，图 8-9 为 C 形流程线）。

图 8-8

图 8-9

（3）三角形构图

三角形构图是以 3 个视觉中心为景物的主要位置，有时也以 3 点成一面的布局来进行设计，在视觉上形成一个稳定的三角形。这种设计可以是正三角形、倒三角形和斜三角形。正三角形给人稳定感，倒三角形有不安定的动感效果，斜三角形较为常用，设计起来更较灵活（效果如图 8-10 所示）。

图 8-10

（4）重心视觉流程线

重心视觉流程是指视觉沿着重心方向来变换、运动，例如展现向心力或重力的视觉流程线。一个版面的重心是指强烈的形象或文字占据着版面的某个部分甚至整个版面，使人第一眼看上去就能抓住视觉主题。图形的聚散、颜色的明暗、轮廓的变化等都可以对视觉重心产生影响。一般视觉重心出现在版面的中央或中央偏上的位置，重点要突出的照片就可以放置在这个位置，而次要的照片可以放置在旁边起点缀作用。重心型版式，主题鲜明，视觉强烈，能够突出重点（如图 8-11 所示）。

图 8-11

（5）黄金分割法构图

黄金分割比例是一种特殊的比例关系，也就是 1:1.618。符合黄金分割比例的画面会让人觉的和谐且具有美感。在摄影和排版中，黄金分割比例非常实用，并且经过适度简化后，可用来安排画面中元素的构图。其实简化版的黄金分割就是一个九宫格，关键是九宫格中间的那 4 点，只要把主要照片放在这 4 点中的其中 1 点便已经是运用了黄金分割比例，会比把主角放在版面中间和谐得多。这种构图方法也被称为井字构图法。实际上，由于人眼无法精确地判断 1:1.618，因此可将画面一分为三，利用两对垂直及水平线分别把长、宽分成三等份，形成一个井字与 4 个交叉点，并将主体安排在交叉点上。这也就是人们常用的三分法构图（效果如图 8-12 所示，焦点在右上角交叉点）。

图 8-12

8.3　模板的色彩设计知识

1. 色彩概述

色彩在设计中扮演重要的角色。色彩如果处理得好，可以协调或弥补造型中的某些不足，使之锦上添花，更加完美，收到事半功倍的效果。成功的色彩设计不但能提升产品的形象和质感，还能引起人们的兴趣，提升客户的满意度。反之，如果产品的色彩处理不当，会破坏设计的整体美感。所以，色彩设计是一项不容忽视的重要工作，其色调的选择至关重要。

2. 色彩要素

丰富多样的颜色可以分成无彩色系和有彩色系两个大类。饱和度为 0 的颜色为无彩色系。有彩色系的颜色具有 3 个基本特性：色相、饱和度、明度。在色彩学上也称为色彩的 3 大要素或色彩的 3 属性。

（1）色相

色彩是光经物体反射并进入人眼后视神经上所产生的感觉。色的不同是由光波长的长短差别所决定的。作为色相，指的是这些不同波长的光表达的颜色的情况。波长最长的光表现为红色，波长最短的光表现为紫色。色相环由红、橙、黄、绿、蓝、紫和处在它们之间的红橙、黄橙、黄绿、蓝绿、蓝紫、红紫这6种中间色共计12种色组成。色相是色彩的首要特征，是区别各种不同色彩的最准确的标准。事实上，任何黑白灰以外的颜色都有色相的属性，而色相也就是由原色、间色和复色来构成的。在色相环上，与环中心对称，并在180°位置两端的色被称为互补色（如图8-13所示为12色相环中的三原色、一次色、二次色效果）。

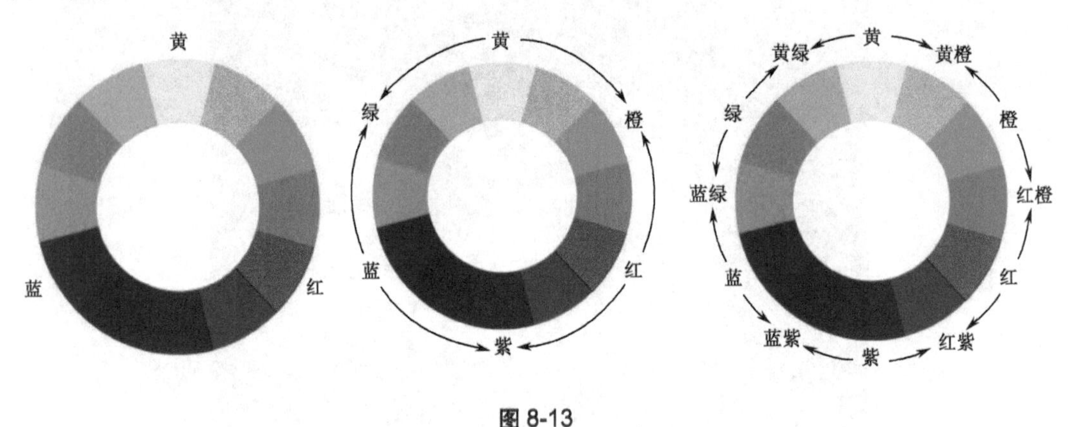

图8-13

（2）饱和度

色彩的鲜艳程度，也称色彩的彩度或纯度。把用数值表示的色的鲜艳或鲜明的程度称为彩度。有彩色的各种色都具有彩度值，无彩色的色的彩度值为0，对于有彩色的色的彩度（纯度）的高低，区别方法是根据这种色中含灰色的程度来计算的。彩度由于色相的不同而不同，而且即使是相同的色相，因为明度的不同，彩度也会随之变化（效果如图8-14所示）。

（3）明度

色所具有的亮度和暗度被称为明度。色彩的明度可用黑白度来表示，越接近白色，明度越高；越接近黑色，明度越低。计算明度的基准是灰度测试卡。黑色为0，白色为10，在0～10等间隔的排列为9个阶段（如图8-14所示）。

图8-14

3. 颜色语言

（1）红色

红色是中国的传统色彩，可让人联想起太阳、火、激情、花卉等，感觉温暖、开心、有活力、热情、积极、吉祥、力量、充实、饱满、幸福等奔放的倾向，穿透力强，共鸣感强。深红及带紫红给人感觉是庄重、典雅、高贵而又热情的颜色，常见于迎宾的场合。含白的高明度粉红色，则有柔美、甜蜜、浪漫、梦幻的感觉。但是过多地使用红色，会给人带有侵略性的感觉。

（2）黄色

黄色是所有色相中明度最高的色彩，给人轻快、光辉、透明、活泼、光明、辉煌、希望、功名、权势、威严、健康等感觉。但如果黄色过于明亮则显得刺眼，并且与其他色相混极易失去其原貌，故也有不稳定、变化无常、冷淡等负面含义。含白的淡黄色感觉平和、温柔，含大量淡灰的米色或本白的黄则是很好的休闲自然色，深黄色给人一种高贵、庄严感。

（3）蓝色

蓝色是典型的寒色，表示和平、清澈、信任、沉静、深邃、理智、高远、忧郁等含义。浅蓝色系明朗而富有青春朝气，有科技感、现代感，为年轻人所钟爱，但也会给人不够成熟的感觉。深蓝色系沉着、稳定、神秘、庄重，为中年人普遍喜爱的色彩。当然，蓝色也有其另一面的性格，如刻板、冷漠、悲哀、恐惧等。

（4）白色

白色给人的印象是洁净、光明、纯真、清白、朴素、卫生、恬静等。在它的衬托下，其他色彩会显得更鲜丽、更明朗。但过多地使用白色可能会使人产生平淡无味的单调、空虚之感。

（5）黑色

黑色给人沉静、神秘、严肃、庄重、含蓄的感觉。另外，也易让人产生悲哀、恐怖、不祥、沉默、消亡、罪恶等消极感。尽管如此，黑色的组合适应性却极广，无论什么色彩特别是鲜艳的纯色与其相配，都能取得赏心悦目的良好效果。但是不能大面积使用黑色，否则，不但其魅力大大减弱，相反会产生压抑、阴沉的恐怖感。

（6）灰色

灰色是中性色，其突出的性格为柔和、细致、平稳、朴素、大方，它不像黑色与白色那样会明显影响其他的色彩。因此，作为背景色非常理想。任何色彩都可以和灰色相混合，略有色相感的含灰色的色能给人以高雅、细腻、含蓄、稳重、精致、文明而有素养的高档感觉。当然滥用灰色也易暴露其乏味、寂寞、忧郁、无激情、无趣的一面。

（7）绿色

绿色是由蓝色和黄色对半混合而成的，因此绿色也被看作是一种和谐的颜色。绿色所传达的是清爽、理想、希望、新鲜、平静、安逸、和平、柔和、青春、安全、生长的意思。绿色可以解除眼睛的疲劳，给人一种宁静的感觉。

（8）紫色

紫色是由红和蓝两个性格极端的颜色混合而成的，因此这个颜色充满着神秘不可理解的复杂情调。紫色调给人优雅、高贵、神秘、勇气、胆识、智慧之感，具有强烈的女性化性格，有着神秘、含蓄、享乐、幻想、魅力的特征。

（9）橙色

橙色融合了红色的热情和黄色的明媚，代表精力、平衡、温暖、热情、创造力、华丽、慷慨、率直。大片的橙色是欢快活泼的光辉色彩，是暖色系中最温暖的色，它使人联想到金色的秋天、丰硕的果实，是一种富足、快乐、幸福的颜色。

明度和彩度越高越具有明快的感觉，明度和彩度越低越具有忧郁感。以青少年为主的商品应以明快的色调和配色为主，才能显得活泼向上、有朝气。

4. 颜色技巧把握

（1）色彩的冷暖感

色彩的冷暖感是人们在长期生活实践中由于联想而形成的。红、橙色常使人联想起红色的火焰，表现快乐的情绪，有温暖的感觉，所以称为“暖色”；绿、蓝色常使人联想起绿色的森林和蓝色的冰雪，因此有寒冷的感觉，所以称为“冷色”；黄、紫等色给人的感觉是不冷不暖，故称为“中性色”。色彩的冷暖是相对的。黑白对比强烈的色彩给人紧张的感觉，灰色和彩度低的色彩则给人和谐而舒适的感觉。12 色相环中的冷暖色调划分如图 8-15 所示。

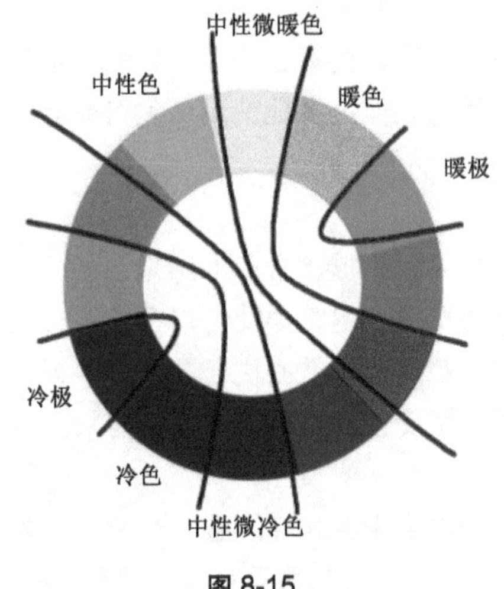

图 8-15

（2）色彩的轻重感

色彩的轻重感主要由色彩的明度决定。一般明度高的浅色和色相冷的色彩感觉较轻，白色最低；明度低的深暗色彩和色相暖的色彩感觉重，其中黑色最重；明度相同，纯度高的色感轻，而冷色又比暖色显得轻。在设计中，一般画面下部用明度、纯度低的色彩，以显稳定；对儿童产品设计，宜用明度、纯度高的色彩，以显轻快。

（3）色彩的距离感

在同一平面上的色彩，有的使人感到突出、近些，有的使人感到隐退、远些，这种距离上的进退感主要取决于明度和色相。一般是暖色近，冷色远；明色近，暗色远；纯色近，灰色远；鲜明色近，模糊色远；对比强烈的色近，对比微弱的色远。鲜明、清晰的暖色有利于突出主题：模糊、灰暗的冷色可以衬托主题。

5. 婚纱版式设计注意事项

（1）设计风格

婚纱照的排版设计上有多种风格，传统版、杂志版、个性版、画册版。传统风格的婚纱照设计是电影式的蒙太奇叙事手法，这类设计很多也很常见，画面充实饱满，也比较稳重。杂志版参考了现代比较流行的杂志风，把婚纱照也做成了类似杂志的样子，照片和内容分布结构上都有杂志的特点。个性婚纱照可能会有自己的元素，如手绘之类的。画册版的婚纱照是原汁原味的婚纱照片组合，简洁明快。对于婚纱照的版面设计，一般设计者是根据照片所体现的氛围来定风格的。通常情况下，一个版面里面会有 2～5 张照片，如果有两个版面中的衣服不同，但是排版组合方式相同，那就要考虑修改一下。

（2）相册文字

相册中的文字不仅仅是一个装饰品，也包含着情感的传达，如果有条件可以自己设计，如加入两个人的爱情故事等。如果使用下载的文字模板，要检查有无错别字，并且要注意文字与照片意境的吻合程度，避免张冠李戴。

（3）婚纱照色调

根据拍照时选择的服装和后期修片要求的效果，婚纱照会出现多个色调，尽量让色调穿插，而非一味地重复，免得出现审美疲劳，导致整个相册过于沉闷。先浏览一遍全部的婚纱照片，看一下整体色调，一本相册通常都会有 10 个版面或者 15 个版面，这个时候就要注意是否有相同的情况，如果有 3 个版面以上用同一种色调，就要考虑是否会造成审美疲劳了。

（4）照片分配

根据客户所选择的照片数量及造型主题，合理分配每页的照片数。照片的多少直接影响相册版面的视觉气氛，通常对拍摄意境、构图等较为优秀的照片采用单张设计，配以简洁的文字素材点缀，显示大气的格调；多张照片排列时，应有主次之分，通常是同一组照片挑选构图、人物表现等最好的作为主照片，通过大小照片的穿插，使版面具有开阔的空间和丰富的视觉层次。

（5）照片位置

排版时不仅要考虑整个版面的美感与质感，还要结合相册的工艺技术，在设计时要注意人物面部等重要位置避开相册中缝。

（6）素材的选择

选择的素材要与照片整体风格及所表达的意境相符合，能够为版面整体烘托气氛，点缀主题画面，颜色应与整体色调协调，并且不能过于抢眼，也不能与相片意境相冲突。

8.4 课堂实训 1 儿童写真制作流程

儿童照片的版面设计与其他类型照片的设计一样，设计师在设计前都要对版面有个总体构思。儿童属于一个特殊的群体，具有天真活泼、可爱的特性，所以在设计的风格上要多元化一些，这样才能体现出儿童的特点。

任务描述

使用形状工具、剪切蒙版、图层样式、文字工具、滤镜、自由变换，完成如图 8-16 所示“儿童相册模板”设计。

图 8-16

效果分析

使用形状工具、剪切蒙版、图层样式给照片应用心形形状，并添加“投影”效果。

使用文字工具，添加文字效果。

使用滤镜、自由变换工具，绘制“花”。

操作步骤

Step 01 执行菜单栏中的“文件”→“新建”命令，新建名称为“儿童相册模板”，“宽度”为

25.4 厘米，“高度”为 17.6 厘米，“分辨率”为 300 像素的 CMYK 模式的文件。

Step 02 执行菜单栏中的“文件”→“打开”命令，打开素材文件“背景照片.jpg”。将素材拖到“儿童相册模板”文件中，形成“图层 1”。调整图片大小，效果如图 8-17 所示。

Step 03 在图层 1 左侧绘制如图 8-18 所示矩形选区，按组合键“Ctrl+J”执行快速复制粘贴，生成图层 2，并执行菜单中的“编辑”→“变换”→“水平翻转”命令，效果如图 8-18 所示。

图 8-17

图 8-18

Step 04 选择“图层 1”，单击“图层”面板上右下角的新建按钮，生成“图层 3”。

Step 05 前景色选择白色，并按组合键“Alt+Delete”给“图层 3”填充白色，同时将不透明度降低到 50%，效果如图 8-19、图 8-20 所示。

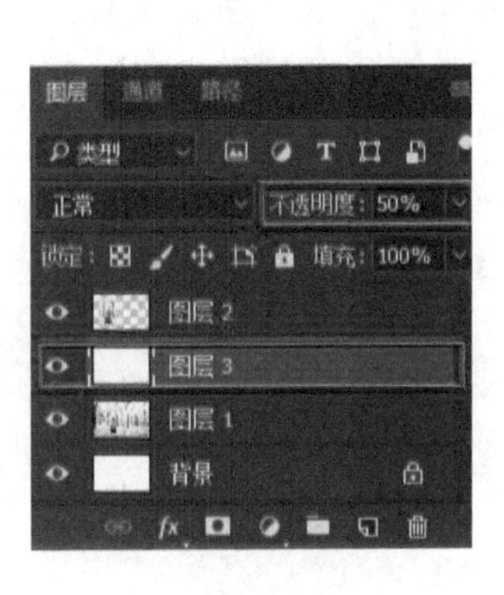

图 8-19

图 8-20

Step 06 在图层 3 与图层 2 中间新建图层 4，绘制如图 8-21 所示矩形区域，并填充#78bd40，效果如图 8-21 所示。

图 8-21

Step 07 选择工具箱中的“自定义形状工具”，在选项栏选择“心形”，填充色为#78bd40，绘制心形，按组合键“Ctrl+T”，调好角度。将“形状 1”图层复制一个为“形状 1 副本”，填充白色并按组合建“Ctrl+T”，适当缩小图形，效果如图 8-22 所示。

Step 08 执行菜单栏“文件→打开”命令，打开素材“1.jpg”，并将拖移到“形状 1 副本”层的上方，生成“图层 5”，并创建剪贴蒙版。

Step 09 依次重复步骤 6～步骤 8，分别把素材“2.jpg”和“3.jpg”拖入文件，创建剪贴蒙版，效果如图 8-23 所示。

图 8-22

图 8-23

Step 10　把所有绿色边框的部分添加绿色阴影，参数设置如图 8-24 所示。

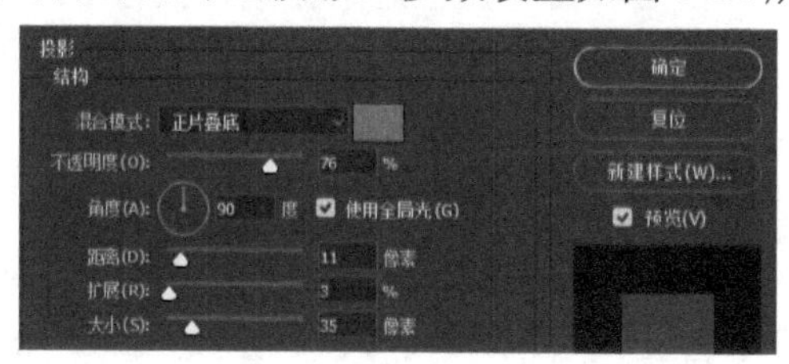

图 8-24

Step 11　在工具箱选择“文字”工具，字体为“Segoe Print”，字号为“32 点”，颜色为#ed6d31。在空白处输入“CUTE GIRL”字样。

Step 12　打开素材“小字素材.psd”，并将小字素材拖移到相应位置，效果如图 8-25 所示。

图 8-25

Step 13 绘制点缀用的花朵：执行“文件→新建”命令，新建名称为“花朵”，“宽度”为10 厘米、“高度”为 10 厘米，“分辨率”为 300 像素的 CMYK 模式的文件。

Step 14 新建“图层 1”，绘制矩形选区，并填充颜色#ed6d31。按组合键“Ctrl+D”取消选区后，执行菜单栏中“滤镜→风格化→风”命令，并按几次组合键“Ctrl+Alt+F”，重复几次“风”滤镜操作。效果如图 8-26（3）所示。

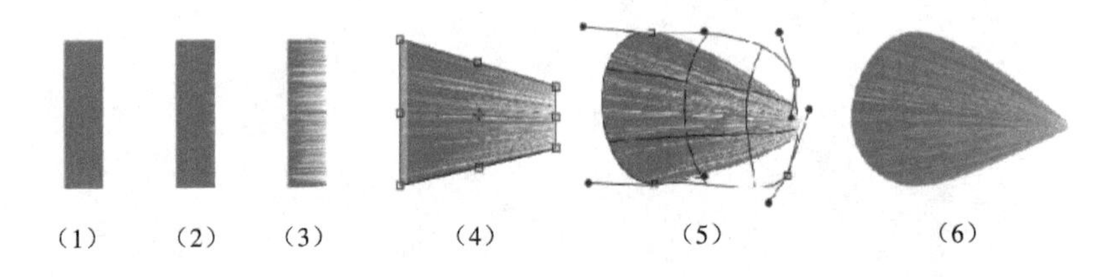

图 8-26

Step 15 按组合键“Ctrl+T”自由变换命令，把矩形拉宽，按住 Ctrl 键的同时调整控点位置，效果如图 8-26 第（4）步所示。

Step 16 执行菜单栏“编辑→变换→变形”命令，调整好花瓣的形状，效果如图 8-26（5）、（6）所示。

Step 17 在图层面板，拖动“图层 1”至新建按钮处，得到“图层 1 副本”层，对该层花瓣执行组合键“Ctrl+T”自由变换命令，旋转后按 Enter 键确定。然后按组合键“Ctrl+Alt+Shift+T”，旋转复制几个花瓣，效果如图 8-27 所示。

Step 18 新建“图层 2”，选择椭圆选区工具，羽化值设置为“10 像素”，绘制花心的部分，填充颜色为#fcff00。合并除背景层以外的所有图层，重命名为“花”，效果如图 8-28 所示。

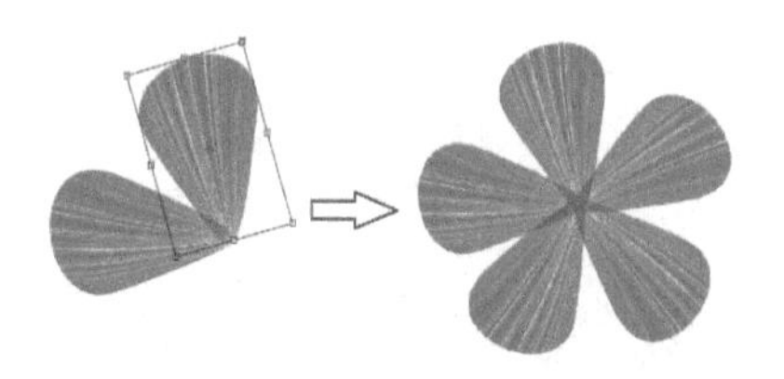

图 8-27

图 8-28

Step 19 把“花”拖移到“儿童相册模板”文件中，多复制几个，调整好大小位置，让它们起到点缀作用。最终效果如图 8-29 所示。

图 8-29

8.5 课堂实训 2　个性化婚纱模板制作

任务描述

使用形状工具、形状变换、图层样式、剪贴蒙版、曲线调整图层等命令完成“婚纱个性模板”的制作，效果如图 8-30 所示。

效果分析

（1）使用形状工具、形状变换完成形状编辑。

（2）使用图层样式添加投影效果。

（3）使用剪贴蒙版给照片造型。

（4）使用曲线调整图层给照片提亮。

图 8-30

操作步骤

Step 01 执行菜单栏中的“文件”→“新建”命令，新建名称为“婚纱个性模板”，“宽度”为 30.5 厘米、“高度”为 20.3 厘米，“分辨率”为 300 像素的 CMYK 模式的文件。

Step 02 在背景图层上填充颜色#cdfffc。

Step 03 选择工具箱中的“矩形工具”，绘制宽为 1500 像素、高为 2400 像素的矩形，得到“矩形 1”图层，参数设置如图 8-31 所示。

图 8-31

Step 04 执行菜单栏中的“编辑”→“变换路径”→“变形”命令，并在选项栏选择“旗帜”选项，执行“更改变形方向”操作，将弯曲度设置为“15”，按 Enter 键确认。参数设置如图 8-32 所示。

图 8-32

Step 05 复制“矩形 1”图层两次得到，“矩形 1 副本”图层和“矩形 1 副本 2 图层”（以后简称“副本”“副本 2”），双击“副本”图层缩略图，修改图形为白色，并将“副本 2”图层向右移动，效果如图 8-33 所示。

Step 06 选择“副本”图层，右击图层名称处，在弹出的快捷菜单中选择“栅格化图层”命令。

Step 07 按 Ctrl 键，单击“副本 2”图层缩略图，得到该图层选区，选择“副本”层，按 Delete 键删除“副本”层选区内的部分，得到图 8-34 所示白色 S 形图形，并将该层名称修改为“S1”。

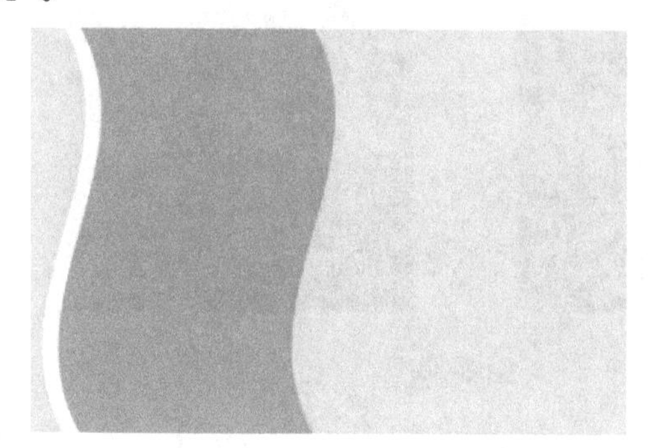

图 8-33

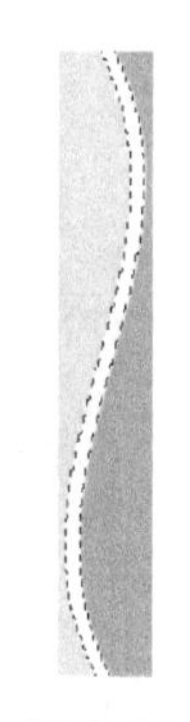

图 8-34

Step 08 删除“副本 2”图层。

Step 09 将“S1”图层复制 3 遍，分别修改名称为“S2”“S3”“S4”，并按照如图 8-35 所示位置排列好。

Step 10 将内侧两个 S 形图层的不透明度调至“65%”，为外侧的两个 S 形添加投影效果，参数设置如图 8-36 所示。

Step 11 选择除“背景”层以外的所有图层，进行复制、缩小、向右移动，效果如图 8-37 所示。

Step 12 将“双人.jpg”素材拖曳至“矩形 1”图层上方，并右击，在弹出的快捷菜单中执行“创建剪贴蒙版”命令，添加“曲线”蒙版提亮，如图 8-38 所示。

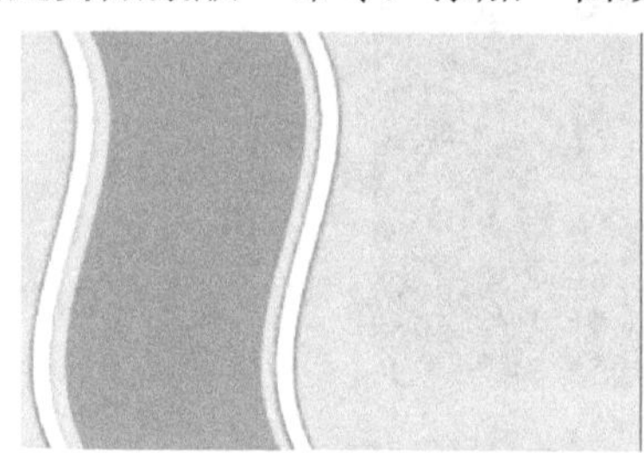

图 8-35

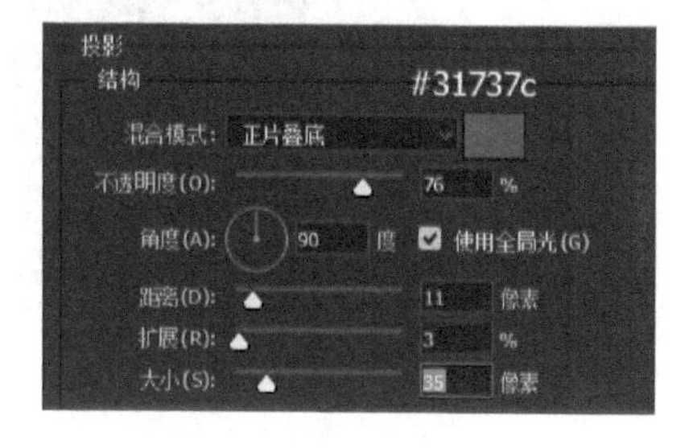

图 8-36

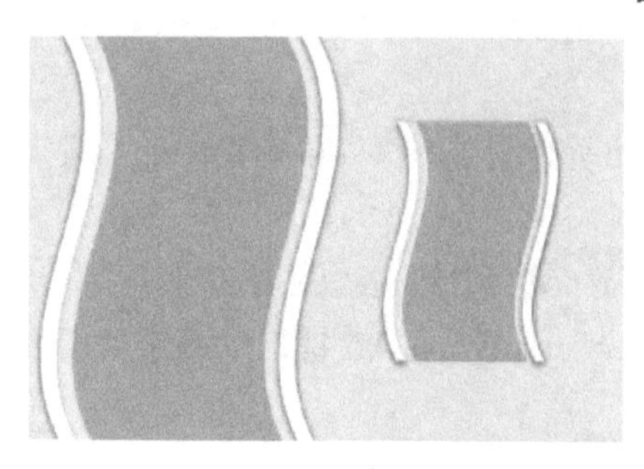

图 8-37

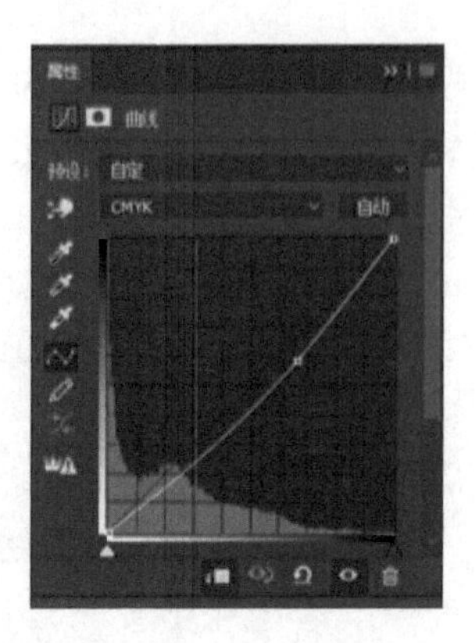

图 8-38

Step 13 将“单人.jpg”素材拖曳至“矩形 1 副本”图层上方并右击，在弹出的快捷菜单中执行“创建剪贴蒙版”命令。添加“曲线”蒙版，给照片提亮。

Step 14 打开“文字素材.psd”文件，将“英文 1”“英文 2”“英文 3”分别拖曳进来，调整好大小及位置。

Step 15 给“英文 1”图层，添加投影效果，设置如图 8-39 所示。

Step 16 执行菜单栏中的“文件”→“新建”命令，新建名称为“星光”，“宽度”为 10 厘米、“高度”为 10 厘米，“分辨率”为 300 像素的 CMYK 模式的文件。

Step 17 新建“图层 1”。利用两个细长椭圆的交叉选区，并填充黑色，效果如图 8-40 所示。

Step 18 执行菜单栏中的“滤镜”→“模糊”→“高斯模糊”命令，设置模糊像素为“3”，并进行复制、缩放、旋转，效果如图 8-41 所示。

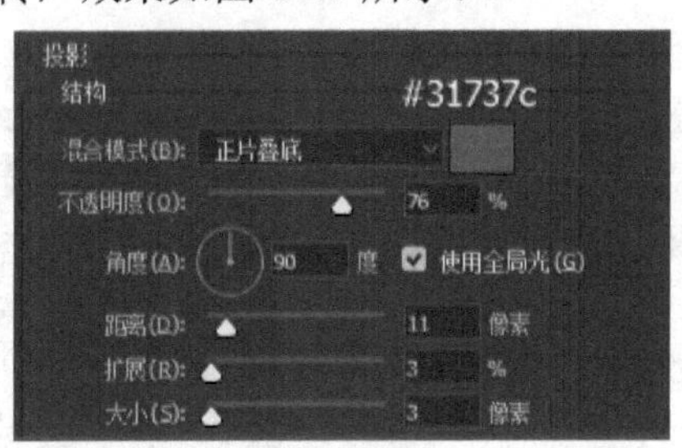

图 8-39

Step 19 选择椭圆选区工具，羽化值设置为“10 像素”，在中心位置绘制椭圆选区并填充黑色，效果如图 8-42 所示。

Step 20 合并除“背景”层以外所有图层，执行菜单栏中的“编辑”→“定义画笔预设”命令，命名为“星光”。

Step 21 在文件“婚纱个性模板.psd”中新建“图层 2”。

Step 22 选择画笔工具及“星光”画笔，按 F5 键启动画笔编辑面板，进行画笔预设，效果如图 8-43 所示。

Step 23 在图层 2 上使用画笔绘制点缀的星光，效果如图 8-44 所示。

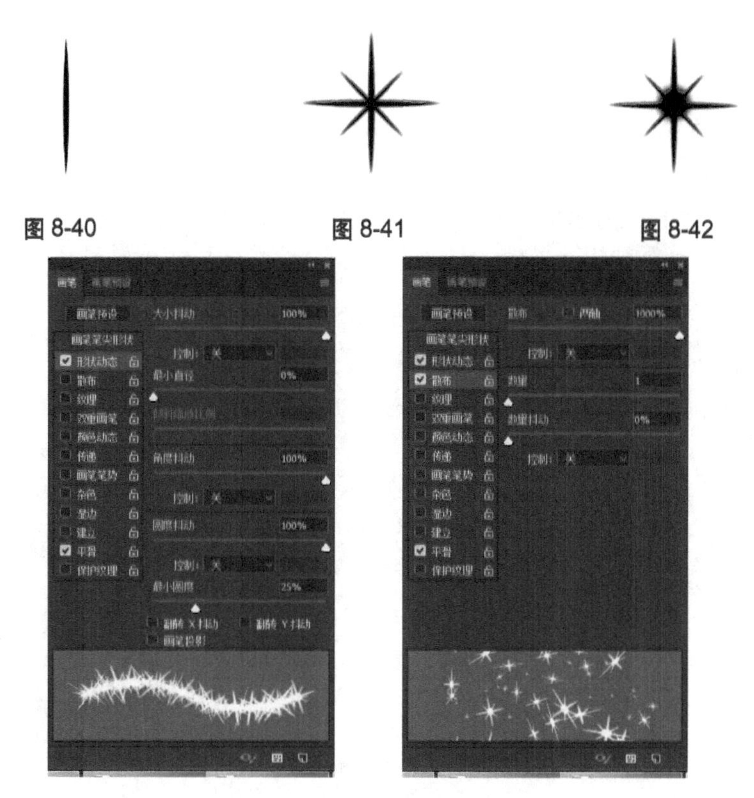

图 8-40　　图 8-41　　图 8-42

图 8-43

图 8-44

要点梳理

若要熟练掌握相册模板的制作，首先，要熟悉影楼后期工作流程，了解有哪些技巧及注意事项；其次，需要对各种工具、命令灵活运用，才能做到设计起来得心应手；最后，平时要注意多看多练，积累经验，培养美感，提高设计的质感，做出令人耳目一新的设计。

8.6 拓展实训

1. 利用素材文件“婚纱照素材 1.jpg”、“婚纱照素材 2.jpg”、“婚纱照素材 3.jpg”结合本书所学知识，设计婚纱相册模板。

图 8-45

2. 利用素材文件“儿童 1.jpg”、“儿童 2.jpg”、“儿童 3.jpg”结合本书所学知识，设计儿童相册模板。

图 8-46

课后习题 8

1．填空题

（1）客户选片后，设计师根据客户选择的照片数量及所选相册的页数进行分配，大致计算出每页相册使用的照片数量，具体分配原则是根据________、________、________、________、________。

（2）套版就是套用提前设计、制作好的模板，模板分为________和________两类。

2．简答题

（1）请简述套版的步骤。

（2）请简述套版的基本原则。

（3）根据自己的思考，写出由红色、黄色、蓝色、绿色、白色、黑色、紫色、橙色分别能联想到哪些事物?

反侵权盗版声明